Guía para el docente y solucionarios

Operaciones auxiliares de montaje de instalaciones electrotécnicas y de telecomunicaciones en edificios

ic editorial

Editado por: IC Editorial
c/ Cueva de Viera, 2, Local 3
Centro Negocios CADI
29200 Antequera (Málaga)
Teléfono: 952 70 60 04
Fax: 952 84 55 03
Correo electrónico: iceditorial@iceditorial.com
Internet: www.iceditorial.com

Guía para el docente y solucionarios:
Operaciones auxiliares de montaje de instalaciones
electrotécnicas y de telecomunicaciones en edificios

1ª Edición

© IC Editorial 2026

ISBN: 979-13-7027-125-1
Depósito Legal: MA 117-2026

Impresión: PODiPrint
Impreso en Andalucía - España

Índice

Bloque 1
Guía para el docente: técnicas de enseñanza y aprendizaje

Contenido

1. Introducción

El presente capítulo está destinado a ofrecer al cuerpo docente responsable de la enseñanza del programa de cualificaciones profesionales y certificados de profesionalidad, una guía metodológica para obtener el máximo rendimiento de los contenidos formativos que han sido desarrollados para el presente título.

La mejora de las habilidades comunicativas y la aplicación de una metodología contrastada de enseñanza, aprendizaje y evaluación permitirá transmitir el conocimiento y adquirir el programa formativo de la forma más efectiva y práctica posible.

Estudiaremos cuáles son los principales elementos que forman parte de la comunicación profesor-alumno, a través de una cuidada selección de sistemas de planificación de estrategias didácticas, así como la utilización de medios y recursos didácticos.

La integración de todas las actividades planificadas alrededor de un plan de formación adaptado e individualizado, aumentará además la satisfacción del alumnado por la utilización de un sistema no lineal e interactivo que se retroalimenta gracias a la relación establecida entre la propia metodología y los actores que forman parte de la enseñanza.

2. El programa de formación

Una de las claves del éxito de la mayoría de las actividades que se realizan en general, y concretamente en la formación, es la **programación.** Es necesaria la programación de las acciones formativas, para que así se pueda alcanzar el objetivo final, es decir, que el alumno obtenga una buena capacitación y adquiera nuevos conocimientos en su repertorio y que, después, sea capaz de emplearlos en su trabajo.

2.1. Definición de programación

Cuando se habla de **programación,** se pueden encontrar multitud de definiciones. Para sintetizar, se podría definir como la actividad de enunciar lo que se quiere hacer (objetivos, contenidos, métodos, temporalización, medios y recursos didácticos y evaluación).

 Definición

Programación
Es un plan donde se establecen las acciones que se van a realizar en un proceso de enseñanza-aprendizaje, por medio de un formador o un equipo.

A continuación, se va a describir una serie de características que tiene que tener una programación didáctica:

- Dinámica. Una programación no es estática ni está acabada, siempre está en constante revisión, de ahí su dinamismo. Además va cambiando o evolucionando según los resultados de la evaluación continua que se va realizando durante la ejecución de la acción.
- Flexible. Esta característica permite que se puedan hacer cambios, ampliaciones, reducciones y actualizaciones de los contenidos y actividades programadas, según las necesidades que se observen.
- Creativa. La programación como es un diseño propio y exclusivo, exige creatividad y originalidad. El docente es el que decide sobre el quehacer en el aula teniendo en cuenta las características del grupo, las necesidades que se pretenden satisfacer y las propias posibilidades.
- Prospectiva. La programación consiste en hacer un pronóstico de la interacción que se va a producir en el aula.

- Sistemática. La programación es un proceso sistematizador que da coherencia a la acción formativa, ya que tiene en cuenta todos los elementos (objetivos, contenidos, métodos, temporalización, medios y recursos pedagógicos y evaluación) que intervienen en el acto educativo y analiza sus relaciones.
- Integradora. Permite integrar elementos de cualificación técnico-profesionales con elementos de cualificación personal de alumnado.
- Funcional. Toda programación debe basarse en el perfil profesional de la ocupación y estructurar los contenidos formativos que proporcionan las competencias de ésta.

2.2. Elementos de la programación

Antes de empezar cualquier programación formativa, es necesario tener en cuenta los datos obtenidos del análisis de la ocupación y del grupo al que se dirige la acción formativa. A partir de esta información, se determinan los elementos que van a conformar la programación.

Cuando se realiza la programación de un curso, hay que plantearse previamente las siguientes preguntas:

1. ¿Qué quiero conseguir con la formación?	**OBJETIVOS**
2. ¿Qué conocimientos deben asimilar los alumnos para alcanzar los objetivos propuestos?	**CONTENIDOS DEL CURSO**
3. ¿Cómo trabajamos en el aula? ¿Qué actividades son las que realizamos?	**MÉTODOS DE ENSEÑANZA**
4. ¿Cuánto tiempo tengo y cuánto dedico a cada módulo?	**TEMPORALIZACIÓN**
5. ¿Qué medios y recursos didácticos se necesitan para poder llevar a cabo esas actividades?	**MEDIOS Y RECURSOS DIDÁCTICOS**
6. ¿Cómo sabemos que se ha producido el aprendizaje?	**EVALUACIÓN**

3. Factores determinantes de la efectividad de la comunicación en el proceso de enseñanza-aprendizaje

En toda comunicación que se produzca en el proceso de enseñanza-aprendizaje, existen factores determinantes que obstaculizan o refuerzan este proceso.

3.1. Obstáculos de la comunicación

Relacionados con el emisor

- No expresar de forma clara qué mensaje se quiere transmitir.
- Comentar algo a lo largo de la explicación que no sea lo correcto y pueda resultar desagradable.
- Cambiar el tema de conversación.
- Desviarse del tema que se está tratando.
- No mirar al receptor cuando se quiere expresar algo.
- No estar atento a las señales que emite el receptor.
- Expresar alguna idea a través de los gestos que no se corresponda con la idea a comunicar.

Relacionados con el receptor

- No comprender las ideas que quiere expresar el emisor.
- No pedir explicación al emisor de aquella información que no le haya quedado clara.
- Interrumpir al emisor cuando está hablando.
- Captar algo diferente a lo que el emisor desea transmitir.

Relacionados con el mensaje

- Mensaje confuso.
- Mensaje muy corto.
- Mensaje muy extenso.
- Abuso de muletillas.
- Utilización de frases sin terminar.
- Dar "rodeos" para decir la idea principal.

Relacionados con el contexto

- No ser el momento adecuado para transmitir algo.
- No saber escoger el lugar oportuno.
- La presencia de ruidos y de interferencias.
- No pensar en las personas que están cerca.

Relacionados con el código

- No utilizar el mismo código que la persona con la que se habla o a la que se escucha.
- No adaptar el vocabulario a la situación o a la persona con la que se conversa.
- Utilizar el doble sentido.

3.2. Sugerencias para el mejor funcionamiento de la comunicación

Emisor

- Acostumbrarse a planificar la comunicación.
- Concretar visiblemente los objetivos.
- Buscar la retroalimentación en la comunicación.
- No tratar de impresionar al receptor.

Mensaje

- Que sea claramente entendido por el receptor.
- Que la terminología usada sea de referencia común.
- Que reclame la atención y el interés del alumnado.
- Que sea sencillo de interpretar.
- Que su contenido sea adecuado y convincente.
- Que produzca el máximo efecto posible.

Canal

- Que sea el más apropiado al grupo al que se dirige, al contenido del mensaje y al objetivo que persigue el formador.
- Que sea el que cause mayor impacto en el receptor.
- Que sea el más eficaz.
- Que sea el que mejor domine el formador.

4. La comunicación verbal y no verbal en el proceso instructivo

Los medios de comunicación pueden agruparse en dos grandes bloques: los **medios verbales,** que son aquellos que usan la lengua como código compartido; y los **medios no verbales,** que son los que se fundamentan en otros códigos simbólicos. A su vez, dentro de los medios verbales, están el medio escrito y el medio oral.

Cada uno de estos medios tiene sus ventajas y sus inconvenientes, por lo que la selección del medio deberá tener en cuenta las circunstancias y características que en cada caso presenta el comunicador, la audiencia y el mensaje que se ha de transmitir.

4.1. Los medios verbales

La comunicación verbal

La comunicación verbal se utiliza para comunicar ideas o dar información, opiniones, expresar o describir sentimientos, etc. Sirve de vehículo a los contenidos explícitos del mensaje. Para garantizar la efectividad de la comunicación, es necesario que el mensaje se presente de forma descriptiva y operativa, pero siempre teniendo muy en cuenta el código común del grupo al que va dirigida esta comunicación.

Un uso correcto del lenguaje oral ayuda a acercarse más a los alumnos. Los principales aspectos a considerar son los que aparecen a continuación.

Construcciones gramaticales

El objetivo será transmitir el mensaje de la manera más clara posible. Se deben evitar los giros rebuscados, la sintaxis complicada y las metáforas. En las explicaciones y conversaciones debe primar el contenido sobre la forma.

Vocabulario

Es importante saber qué palabras van a expresar mejor los conceptos que se desean transmitir y las que pueden ser comprendidas mejor por los alumnos. El análisis previo de los alumnos ayuda a saber qué términos técnicos se pueden utilizar sin problemas, cuáles se tienen que explicar y cuáles se deben evitar.

En general, siempre hay que mantenerse dentro de un lenguaje formal, evitando los vocablos demasiado coloquiales, las palabras extranjeras, las referencias académicas y expresiones de carácter religioso, político, deportivo o cultural, que pueden resultar agresivas para los alumnos.

Ejemplos

Los conceptos abstractos que pueden aparecer y que dificultan la adquisición de los contenidos, tienen que ser expresados mediante las explicaciones del formador, siempre apoyándose en la visualización.

La comunicación escrita

La comunicación escrita posee un carácter más veraz que la oral. La interacción que tiene lugar entre el emisor y el receptor no es inmediata, en algunas ocasiones no llega a producirse jamás. Este tipo de comunicación ofrece más oportunidades expresivas y mayor complejidad gramatical, sintáctica y léxica. También hay que tener en cuenta que a veces dificulta la expresión y/o puede no proporcionar *feedback* de manera inmediata.

4.2. Los medios no verbales

Al igual que las palabras, los elementos de la comunicación no verbal son signos que representan una idea (se excluyen todos los signos lingüísticos).

A diferencia de la comunicación verbal, su función no se centra sólo en la transmisión de contenido, sino que traspasa esa frontera para expresar también las emociones del emisor, controlar la interacción y proporcionar *feedback* del efecto que el mensaje produce en el receptor. Todas estas funciones son muy útiles para el formador, tanto en su tarea de transmisor de conocimientos como en la tarea de motivar y dirigir al grupo.

A continuación, se detallan las diferentes categorías en las que se agrupan los elementos de la comunicación no verbal.

Kinesia

Posturas

Una de las primeras cosas que el formador debe transmitir a sus alumnos es confianza y seguridad, lo que puede conseguirse a través de una postura erguida (sin llegar a ser arrogante), de pie, apoyándose sobre los dos pies y manteniendo la cabeza alta.

Esta postura es útil, especialmente durante la presentación del curso, porque ayuda a relajar el cuerpo, a facilitar la respiración y a controlar las muestras de nerviosismo, al tener un buen apoyo en el suelo.

A medida que avanza el curso, se pueden adoptar otras posturas que faciliten el descanso (apoyarse), el acercamiento (echar el cuerpo hacia delante) o que resten protagonismo (sentarse).

Gestos

Los gestos son un buen aliado del formador, excepto cuando éste se siente incómodo o nervioso. Gestos de carácter adaptador, como rascarse o colocarse la ropa, pueden delatar su estado emocional.

La mayoría de los gestos cumplen la función de reforzar el mensaje verbal (ilustradores), aunque existen otros cuya función es regular las intervenciones cuando se dirige una discusión de grupo.

Expresiones faciales

Las expresiones de la cara transmiten las emociones y permiten obtener fácilmente una respuesta del alumno.

Una expresión facial agradable, como una sonrisa no forzada, facilita la creación de un ambiente relajado en el aula. Una sonrisa puede ser muy útil también para romper la tensión que inevitablemente surge en algunas sesiones.

Mirada

La mirada, junto con la postura, es uno de los mejores métodos para transmitir confianza (en momentos de nerviosismo se tiende a apartar la vista) y para captar la atención de los alumnos.

Mientras el formador habla debe mantener la mirada sobre los alumnos la mayor parte del tiempo, mirándolos el tiempo suficiente como para que se sientan atendidos pero no incómodos. También se puede utilizar la mirada durante las discusiones de grupo, con una función reguladora de las distintas intervenciones.

Desplazamientos

Realizar desplazamientos en el aula capta la atención del alumnado, además de facilitar el contacto visual. Hay que procurar que no sean repetitivos o bruscos (pasear cerca de los alumnos), y cambiar de un recurso a otro (ir de la pizarra al retroproyector), etc.

Recuerde

Los recursos no verbales que estudia la Kinesia son:

I Posturas.
I Gestos.
I Expresiones faciales.
I Mirada.
I Desplazamientos.

Estos recursos pueden utilizarse tanto para reforzar lo que se expresa mediante la comunicación verbal como para sustituirlo.

Proxémica

El aspecto de la proxémica que más interesa es la proximidad física entre los individuos, ya que los alumnos pueden sentirse violentos si el formador se aproxima excesivamente a ellos o, por el contrario, verle distante si no se acerca.

Se debe prestar atención a este aspecto, tanto durante las intervenciones como al distribuir el espacio del aula que se va a emplear, evitando siempre que los asientos estén demasiado juntos o demasiado separados.

Paralingüística

Para captar la atención del público, los oradores suelen hacer uso de determinados aspectos como el tono de voz o las pausas, que en algunos casos pueden parecer exagerados.

El formador, aunque emplee el método de la lección magistral, no es un orador y, por tanto, no debe prestar especial atención a estos aspectos, excepto cuando le plantean algún problema, debido a la ansiedad, al cansancio o a un mal estado de salud. Practicar en voz alta y realizar grabaciones durante la fase de preparación puede ayudar a vencer estas dificultades.

Volumen

Aunque el aula sea pequeña, se tiene que realizar el esfuerzo de hablar lo suficientemente alto para que todos los alumnos oigan las explicaciones y, a la vez, transmitir confianza. En general, el volumen se ajustará instintivamente cuando se compruebe dónde se sitúa la persona que se encuentra más alejada.

Entonación

El problema más frecuente, especialmente si se está cansado, es la monotonía, que no contribuye a captar la atención ni a motivar a los alumnos.

El interés que el formador muestre por el tema y una correcta preparación le hará destacar los puntos clave y jugar con la entonación de una forma adecuada a lo largo de toda la exposición.

Pronunciación

Los problemas se presentan especialmente cuando se está nervioso o se habla demasiado rápido. Se debe hacer un esfuerzo por articular todas las palabras de manera limpia y clara, abriendo la boca lo suficiente para pronunciar correctamente las sílabas, consonantes y vocales.

Velocidad

Una velocidad correcta puede ayudar a resolver problemas de pronunciación y de entonación. Se debe hablar a una velocidad normal o algo superior, para facilitar el mantenimiento de la atención. No obstante, si se está nervioso, se puede hablar con mayor lentitud para facilitar la respiración y relajarse. También se debe reducir la velocidad cuando se expliquen conceptos técnicos complejos o cuando se espere alguna respuesta por parte de los alumnos.

Recuerde

Los elementos que trata la Paralingüística son:

I El volumen.
I La entonación.
I La pronunciación.
I La velocidad.

Proyección física

Existen determinados factores que, sin que la persona diga ni haga nada, transmiten información y hacen referencia a la imagen física que esta persona proyecta.

Es fundamental que el formador transmita una imagen positiva para los alumnos. Se debe cuidar el aspecto externo y los artefactos que se usen, como los adornos y prendas de vestir. La manera adecuada de vestir depende de la situación y siempre debe estar en consonancia con lo que cada colectivo de alumnos espera del formador.

Ejemplo

Sería negativo vestir pieles para impartir un curso cuyo objetivo fuese desarrollar actitudes positivas hacia la protección del medio ambiente.

En cualquier caso, se debe llevar ropa que resulte cómoda, bien cuidada y no demasiado llamativa. A los adornos y al peinado se aplican las mismas reglas que al vestido.

Importante

Un objetivo fundamental del formador es dirigir la atención de los alumnos hacia el contenido que está desarrollando, nunca hacia su persona.

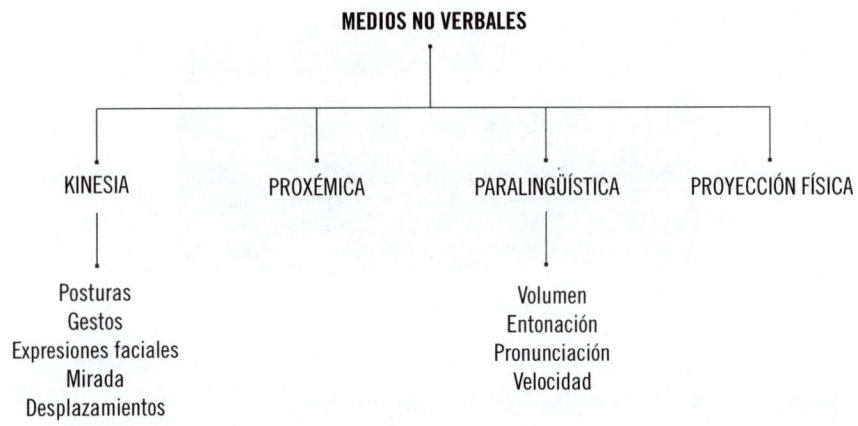

Finalmente, conviene recordar que si el formador observa atentamente la comunicación no verbal que expresan los alumnos, obtendrá una gran cantidad de información.

Hay numerosos signos no verbales que puede mostrar el alumno:

- **Atención:** posturas del cuerpo (inclinado hacia delante, hacia atrás…).
- **Necesidad de hablar:** movimientos sutiles de la boca, de la mano, etc.
- **Irritación:** movimiento de pies, manipulación de objetos sobre la mesa, etc.

- **Concentración:** tomar apuntes, mirar al docente, etc.
- **Cansancio:** cuerpo hundido, suspiros, etc.
- **Inercia:** silencios de todo el grupo, etc.
- **Desinterés:** cerrar el cuaderno, bostezar, mirar al vacío, etc.
- **Sorpresa:** levantar los brazos, abrir la boca, levantar las cejas, abrir los ojos, etc.

Si se observan estos elementos de forma atenta, se podrá obtener información sobre la comprensión del mensaje y el estado emocional de los alumnos, lo que será de gran utilidad para el formador durante el curso.

La comunicación no verbal aporta información al formador sobre los alumnos

5. Técnicas de secuenciación de contenidos

Una vez seleccionados los contenidos, hay que ordenarlos secuencialmente. La **secuenciación y estructuración de los contenidos** es el proceso que permite situarlos en una configuración que produce el máximo aprendizaje en el mínimo tiempo posible.

Algunas de las técnicas para la secuenciación de contenidos son las siguientes:

- Que los contenidos estén de acuerdo con los objetivos propuestos y con los plazos previstos para conseguirlos.

- Empezar por los contenidos más próximos y significativos para el alumno, para llegar poco a poco a lo desconocido. De esta manera, resultará más fácil introducir los nuevos contenidos.
- Ir de lo inmediato a lo remoto.
- Ir de lo concreto a lo abstracto.
- Ir de lo más fácil a lo más difícil. Esto motiva al alumnado porque le va mostrando los avances de manera rápida.

Las principales ventajas que este proceso conlleva son:

- Ayuda al participante a pasar de un conocimiento o habilidad a otro.
- Garantiza que los conocimientos y habilidades previas son alcanzados antes de introducir elementos nuevos.
- Reduce el tiempo de formación.
- Evita la confusión y los fallos en el participante.

Estos puntos son los principales aspectos a tener en cuenta cuando se realiza la presente fase de la programación de la formación, es decir, cuando se fijan los contenidos de la formación.

6. La selección y planificación de estrategias didácticas

Las personas que realizan un curso de formación son diversas, por ello es muy importante que las estrategias didácticas se adapten, de la mejor forma posible, al contexto y permitan una flexibilidad.

 Definición

Estrategias didácticas
Son procedimientos que el formador emplea para facilitar el aprendizaje, con la intención de que éste sea significativo.

Tras la selección y estructuración de contenidos, llega el momento de decidir la modalidad de formación a seguir y la metodología a utilizar en su impartición. Pero esta decisión no se puede tomar arbitrariamente, sino que ha de basarse en unos criterios. Los criterios de decisión básicos para determinar qué estrategia y qué método de formación es el adecuado, son:

- La compatibilidad con los objetivos.
- Los principios generales del aprendizaje del adulto: individualización, motivación, utilidad, practicidad, intereses, etc.
- Los principios de rigor, realismo y participación.
- El carácter eminentemente aplicativo de los aprendizajes.
- La posibilidad de transferir los aprendizajes al puesto de trabajo.
- Los recursos disponibles, incluido el tiempo.
- Los factores relacionados con los participantes, como el estilo de aprendizaje, la edad, el tamaño del grupo, la motivación, etc.

Una vez escogido el método, se observa que ninguno es químicamente puro, sino que unos participan de otros. Por lo demás, todo método puede ser adecuado o inadecuado dependiendo del modo en que sea empleado.

Los formadores deben utilizar los métodos flexiblemente, de la forma que mejor se adapten al estilo de formación, a la materia y a los alumnos, complementando cada método con la técnica y recurso didáctico más acorde.

7. La selección y planificación de medios y recursos didácticos

Para realizar cualquier acción formativa, hace falta algo más que elegir y aplicar unos métodos y unas técnicas. Son necesarios los medios y recursos didácticos, que van a ayudar a desarrollar la metodología seleccionada en el aula. Los medios y recursos didácticos permiten el trasvase de información formador-alumno.

 **Definición**

Medios didácticos
Son materiales elaborados para facilitar los procesos de enseñanza-aprendizaje.

Recursos didácticos
Son soportes mediante los cuales se presentan los contenidos del curso a los alumnos.

A la hora de escoger el medio o recurso a utilizar, se deben tener en cuenta los siguientes criterios:

- **Características de la materia o tema.** Dependiendo de la naturaleza de los contenidos, éstos pueden ser transmitidos por unos u otros métodos.
- **Los objetivos del curso.** Toda selección de medios y estrategias de enseñanza deben realizarse en función de éstos.
- **La disposición del aula y el número de alumnos.** Hay que tener cuidado, sobre todo en la visibilidad de alguno de los recursos, porque pueden perder eficacia.
- **Tiempo disponible para la formación.** Este elemento tiene que estar siempre presente, porque, en función del tiempo que se tenga, se elegirá lo que se adapte mejor a las necesidades.
- **Recursos disponibles,** ya que en algunas ocasiones están a nuestro alcance.
- **El uso que se haga de ellos,** cuál es la finalidad, qué es lo que se pretende y en qué momento se van a utilizar.
- **El nivel de conocimiento de los alumnos** sobre el tema.

Todos estos puntos se han de tener en cuenta a la hora de escoger un medio o recurso didáctico. La finalidad de éstos no es otra que la de fundamentar, apoyar y reforzar el acto formativo.

8. La planificación de la evaluación del proceso de enseñanza-aprendizaje

La aplicación de programas de formación lleva a la obtención de unos determinados resultados. Éstos serán los frutos de la formación y mostrarán el grado de eficacia y eficiencia con que se lleva a cabo la función formativa.

Los resultados indican el éxito de la formación mediante su contraste con los objetivos fijados anteriormente. Este procedimiento recibe el nombre de **evaluación,** proceso ampliamente conocido y con trascendencia reconocida para la formación. Según el proceso de evaluación aplicado, los resultados obtenidos serán reales y fiables, o bien, falseados.

Para que los resultados de la evaluación muestren con certeza el grado de éxito alcanzado con la formación, es necesario un requisito previo: el establecimiento de criterios de evaluación durante el proceso de planificación de la formación. Los criterios actúan como puntos de referencia, a partir de los cuales se valoran los resultados obtenidos.

Los criterios de evaluación han de fijarse con mucha atención, ya que determinan el proceso de evaluación, y éste juzga el grado de éxito de la función formativa.

El primer aspecto a tener en cuenta es la validez: los criterios de evaluación han de ser válidos en relación a los elementos del proceso formativo.

Los aspectos que determinan el grado de validez de los criterios de evaluación son:

- La relevancia.
- La no deficiencia.
- La no contaminación.
- Su fiabilidad.

El establecimiento de criterios válidos y fiables permitirá elaborar un proceso de evaluación de la formación que mida rigurosamente la eficacia y la eficiencia de la función formativa.

9. El seguimiento formativo

El seguimiento es un proceso continuo que sirve para evaluar la eficacia del uso de los recursos y para saber qué iniciativas se pueden emprender para mejorar el aprovechamiento de los recursos formativos.

El seguimiento, además de realizarse después de haber finalizado la planificación formativa, también se realiza antes de la acción.

9.1. Características

El seguimiento formativo permite evaluar los distintos componentes (desde los alumnos hasta todos los elementos que forman la programación) que intervienen en él durante todo el proceso de formación.

El seguimiento formativo se diferencia de la evaluación en que éste tiene que ver más con tareas organizativas, de coordinación, administrativas, etc.; sin embargo, la evaluación valora aspectos de los procesos de formación, como pueden ser la comunicación, el aprendizaje de los nuevos conocimientos, etc.

Con la realización adecuada de un seguimiento formativo:

- Se pueden **descubrir errores o desajustes** en el proceso de enseñanza-aprendizaje antes de que se realice la evaluación final para comprobarlos.
- Se pueden **corregir los errores** en el momento en el que se están produciendo.
- Además, **se detectan los aspectos positivos** que tienen lugar a lo largo de todo el proceso y las **posibles mejoras** que se pueden realizar.

El seguimiento formativo tiene que ser realizado por todas las personas que están implicadas en la realización de los cursos de formación (tutores, coordinadores, técnicos, etc.), por ello, el formador es una figura importante en el proceso de formación, ya que se encuentra implicado en él.

El proceso de formación debe estar planificado, pensado y planteado antes de que empiece la acción de formación, nunca debe llevarse a cabo de manera cerrada, sino que tiene que estar abierto a cualquier cambio que se considere necesario.

9.2. Finalidad

Son varias las finalidades que persigue el seguimiento formativo:

- Ayudar a comprender por qué ocurren algunas cosas y qué se puede hacer para intervenir en ese proceso que se está llevando a cabo.
- Identificar y solucionar los problemas que surgen a lo largo del proceso.
- Contribuir para elaborar planes de formación de manera objetiva, sin desviarse de la finalidad éste.
- Colaborar en la disminución y control del uso de los recursos materiales.
- Determinar el nivel que puede alcanzar el rendimiento y relacionarlo con el rendimiento actual.
- Diagnosticar y detectar problemas para llevar a cabo las acciones correctivas pertinentes.

9.3. Planificación

El seguimiento formativo debe planificarse antes y durante la acción formativa.

El objetivo de este seguimiento es comprobar la eficacia de la acción formativa antes de que ésta llegue a su fin, es decir, es necesario que durante este proceso todos los elementos que van a formar parte del aprendizaje estén planificados.

Los dos momentos que hay que tener en cuenta para planificar el seguimiento formativo son:

- **Antes de la acción formativa:** es necesario conocer las necesidades, el perfil del alumno, qué materiales, instrumentos, recursos, medios didácticos se van a usar.

■ **Durante la acción formativa:** aquí el seguimiento se utiliza para comprobar los posibles errores y mejoras que se pueden llevar a cabo. Ofrece la posibilidad de poder modificar aquellas acciones o medios que dificultan el avance del aprendizaje.

10. Instrumentos para el seguimiento

A lo largo de un ciclo formativo pueden suceder errores y surgir problemas, esto abarca desde la identificación de necesidades hasta la planificación, el diseño, la implantación y la evaluación. Por todo esto, es importante saber cuál es la causa del problema y saber tomar las medidas oportunas para que no se origine nuevamente.

Para detectar el origen del problema, siempre se necesita una información determinada, ésta sólo se puede obtener mediante técnicas que ayuden a obtenerlas, es decir, que permitan recabar y analizar los datos obtenidos.

Para el seguimiento del proceso de enseñanza-aprendizaje, se pueden confeccionar diferentes tipos de instrumentos de evaluación, como pueden ser los cuestionarios y utilizar la observación directa, etc., si el tipo de formación lo permite (presencial o semipresencial). Estos instrumentos variarán según el tipo de datos que se quiera conseguir.

Un ejemplo de plantilla para recoger y analizar la información podría ser esta:

CURSO:		1º Módulo	2º Módulo	3ºMódulo
	Suficiente			
	Insuficiente			
Objetivos del módulo	Adecuado			
	Inadecuado			

Continúa en página siguiente >>

<< Viene de página anterior

CURSO:		1º Módulo	2º Módulo	3ºMódulo
Contenidos del módulo	Suficiente			
	Insuficiente			
	Adecuado			
	Inadecuado			
Metodología	Suficiente			
	Insuficiente			
	Adecuado			
	Inadecuado			
Actividades y recursos	Suficiente			
	Insuficiente			
	Adecuado			
	Inadecuado			
Recursos materiales	Suficiente			
	Insuficiente			
	Adecuado			
	Inadecuado			
Recursos humanos	Suficiente			
	Insuficiente			
	Adecuado			
	Inadecuado			
Proceso de evaluación	Suficiente			
	Insuficiente			
	Adecuado			
	Inadecuado			
Nivel de satisfacción del alumnado	Suficiente			
	Insuficiente			
	Adecuado			
	Inadecuado			

Para el seguimiento del aprendizaje, como la información que se obtiene es de diferente índole, se recogerá mediante la aplicación de las técnicas seleccionadas y elaboradas para la evaluación de cada uno de los aspectos planteados (observación directa de los trabajos, participación, cuestionarios acerca de la motivación y satisfacción del alumnado, etc.).

Por ejemplo, los contenidos que se podrían incluir en la "parrilla" de análisis son los siguientes:

CURSO		1er Módulo	2° Módulo	3er Módulo
Conceptos (comprende los contenidos conceptuales)	Con facilidad			
	Con normalidad			
	Con dificultad			
Procedimientos (aplica y desarrolla los contenidos procedimentales)	Con facilidad			
	Con normalidad			
	Con dificultad			
Actitudes (manifiesta las actitudes adecuadas a los contenidos)	Con facilidad			
	Con normalidad			
	Con dificultad			
Motivación y participación	Con facilidad			
	Con normalidad			
	Con dificultad			
Satisfacción del alumno	Con facilidad			
	Con normalidad			
	Con dificultad			

Dos de las herramientas básicas son:

- **Los diagramas de flujo:** éstos sirven para desglosar en forma de componentes, para presentar una clara imagen de lo que ocurre.
- **Los checklists:** éstos son especialmente útiles para garantizar que se han realizado todas las acciones necesarias. Es otro método de ayuda orientado a los formadores y participantes para preparar, utilizar y solucionar los problemas del equipamiento.

Otros métodos de seguimiento y control que pueden ayudar en la formación son:

- Las reuniones formales e informales.
- Pasar un informe de las sesiones, cuestionarios de satisfacción o formularios de evaluación del curso.
- Entrevistas de evaluación.

Recuerde

Algunos de los instrumentos de seguimiento más utilizados son:

❘ Cuestionario de satisfacción
❘ Cuestionario de motivación
❘ Observación directa
❘ Reuniones formales e informales
❘ Entrevistas de evaluación

11. Metodología de la evaluación del diseño de formación

Los métodos empleados en la evaluación siempre suelen son los mismos, independientemente de que se evalúen los objetivos, los contenidos, los recursos, etc. A pesar de esto, hay que tener en cuenta que no se deben utilizar todos los métodos que se van a nombrar, sino que todo dependerá de lo que se esté evaluando.

Los métodos más frecuentes son:

- Observación sistemática.
- Observación mediante observadores externos o internos del grupo.
- Análisis de trabajo.
- Entrevistas personales.
- Situaciones de simulaciones.

- Diálogos, debates.
- Cuestionarios específicos.
- Inventarios.
- Grabaciones en vídeo.
- Etc.

11.1. Evaluación de los objetivos

Cuando se diseña el programa formativo, se deben concretar los objetivos que serán objeto de evaluación al finalizar el curso, para comprobar si éstos se han alcanzado o no.

Los objetivos marcan aquellos aspectos claves que debe adquirir el alumno para alcanzar unas competencias determinadas. Éstos determinarán lo que el alumno será capaz de saber y saber hacer al acabar el curso, en unas condiciones dadas y con unos medios determinados.

Si, al finalizar el curso, se observa que los objetivos no se han cumplido en su totalidad, hay que analizar cuál ha sido la causa de este error y corregirlos. Si se han cumplido los objetivos, habrá que determinar los motivos de éxito, para volver a ponerlos en práctica en futuros cursos.

Los objetivos marcados al inicio de la formación sirven para:

- Dirigir la formación, es decir, saber hacia dónde se quiere llegar con ésta.
- Comprobar qué se ha logrado.
- Facilitar la evaluación, ya que se sabe cuáles son los objetivos que hay que evaluar.
- Reorientar la formación en el mismo momento que se está realizando.
- Elegir los métodos más adecuados para la formación.

La evaluación de los objetivos debe medirse atendiendo a:

- **Objetivos generales:** son utilizados para saber cuáles son las competencias generales.
- **Objetivos específicos:** parten de los objetivos generales.

■ **Objetivos operativos:** son derivados de los específicos. Son objetivos más concretos y siempre deben estar relacionados con actividades u operaciones determinadas. Son los más fáciles de medir.

Ejemplo

Objetivos específicos para evaluar un curso de primeros auxilios:

❙ Aprender los conceptos básicos y generales de los primeros auxilios.
❙ Adquirir las habilidades y aplicar los principios de actuación para poder reaccionar adecuadamente en situaciones de urgencia.
❙ Conocer los aspectos jurídicos relacionados.

11.2. Evaluación de los contenidos

La evaluación de los contenidos se realizará para comprobar si los objetivos que se habían marcado al principio de la formación se han logrado, así como para eliminar aquellos contenidos que no aportan nada al curso.

Se debe tener siempre en cuenta que se puede lograr un mismo objetivo de formación utilizando diversos contenidos.

Para evaluar los contenidos, hay que comprobar si se ha seguido una secuencia lógica a la hora de impartirlos. Esta secuencia permite que los contenidos sean adquiridos por los alumnos de una manera más significativa, es decir, facilita el aprendizaje de los mismos.

Para que la evaluación de los contenidos resulte positiva, éstos deben ir expuestos:

■ De acuerdo con los objetivos propuestos y con los plazos previstos para conseguirlos.
■ De lo conocido a lo desconocido.

- De lo inmediato a lo remoto.
- De lo concreto a lo abstracto.
- De lo fácil a lo difícil.

Otro aspecto a tener en cuenta para que la evaluación de los contenidos sea positiva, es que éstos se deben estructurar adecuadamente, por ejemplo, mediante módulos, unidades didácticas, etc. Éstas tienen que abarcar los conocimientos, las habilidades y las actitudes que capacitan al alumno para poner en práctica las funciones que desempeñará en su puesto de trabajo. Por lo general, se pueden constituir equivalencias entre objetivos generales y cursos, objetivos específicos y módulos, unidades didácticas, etc. así como entre objetivos operativos y sesión formativa,.

 Ejemplo

Siguiendo el ejemplo anterior de primeros auxilios, los contenidos que se evaluarán para comprobar si se han logrado o no los objetivos anteriormente propuestos, son:

I Primeros auxilios: conceptos generales.
I Soporte vital básico (reanimación cardio-pulmonar)-adultos.
I Soporte vital básico-niños.
I Soporte vital instrumental.
I Traumatismos osteoarticulares. Inmovilizaciones (vendajes y férulas improvisadas).
I Movilización de urgencia y posiciones de espera.
I Traumatismos craneales y vertebro-medulares.
I Otras situaciones de emergencia.

11.3. Evaluación de la metodología

La evaluación de la metodología consiste en comprobar que los métodos que se han utilizado son los adecuados para lograr los objetivos formativos, aunque éstos deben ser flexibles a la hora de utilizarlos, ya que deben adaptarse a la materia tratada, a los alumnos, a los recursos disponibles, etc.

Para conseguir que la evaluación de la metodología sea positiva, se deben tener en cuenta las características que se emplean para definir un método. Éstas pueden ser:

- Presentar y mostrar la problemática del tema para que, a través de la reflexión y el esfuerzo, el alumno pueda resolverla.
- Respetar tanto la libertad de expresión como de creación.
- Las actividades que están destinadas al alumno tienen que ser dirigidas por el formador para que el alumno reflexione y participe.
- Motivar al alumno, relacionando los temas con sus intereses, motivaciones y necesidades.
- Organizar los nuevos aprendizajes para que se integren con los ya adquiridos.
- Tener en cuenta las limitaciones y las posibilidades que tiene cada alumno.
- Dar lugar a la acción individualizada a través de tareas que requieran planteamientos y acciones individualizadas.

11.4. Evaluación de actividades y recursos

Las **actividades** son unos elementos que acompañan a los contenidos formativos, ya que éstas refuerzan los contenidos que son expuestos por el formador. Siempre debe existir coordinación entre ambos, para esto se deben seleccionar adecuadamente tanto los métodos como las técnicas.

Para evaluar las diversas actividades que se han desarrollado, hay que formular una serie de preguntas para saber si las actividades han sido eficaces o han fallado en su ejecución. Algunas de estas preguntas pueden ser:

- ¿Qué ha hecho el alumno?
- ¿Ha sabido aplicar los conocimientos necesarios para lograr resolver las actividades?
- ¿Valora y comprende la finalidad de la actividad?
- ¿Ha mostrado interés en la realización de la misma?
- ¿Qué ha aprendido?
- ¿Han sido válidas las actividades?

- ¿Cuáles han fallado? ¿Por qué?
- ¿Se han alcanzado los objetivos?
- Etc.

Junto con las actividades, los recursos también tienen que ser evaluados, ya que de ellos va a depender en cierta manera la eficacia de las actividades. Por eso, en la evaluación de los recursos hay que tener en cuenta la eficacia de aquellos que se han utilizado y cuáles son los que se hubieran necesitado para desarrollar el curso.

Se pueden distinguir varios criterios para evaluar la eficacia de los recursos:

- Su calidad, porque actúa como mediador entre la realidad y la estructura cognitiva del alumno.
- El contexto metodológico, ya que todo va a depender de la metodología usada por el formador.
- Los propios alumnos, sus motivaciones, intereses, etc.
- La experiencia del formador en el manejo de los diversos recursos, sus habilidades, etc.

También es necesario tener en cuenta qué evaluar de los recursos:

- La rentabilidad de éstos.
- El aprovechamiento para distintas finalidades.
- El mantenimiento.
- La actualización, deben adaptarse a las nuevas tecnologías.
- La adecuación al proceso de enseñanza-aprendizaje.
- Posibilitar la acción, estimular y responder a las curiosidades presentes en el alumnado.

11.5. Evaluación del formador

La figura del formador es muy importante a lo largo de todo el proceso formativo, ya que, en cierta manera, el éxito o el fracaso de la formación recae sobre él, por lo tanto, es imprescindible conocer previamente a la persona que va a impartir un curso.

El formador es el mediador entre los contenidos y los alumnos, por lo que debe evaluarse de forma continua y a lo largo de todo el proceso de enseñanza-aprendizaje, así como al final del proceso, momento en que se comprobará si los métodos y estrategias que ha diseñado y utilizado han sido los adecuados, introduciendo posibles modificaciones para las prácticas futuras.

La evaluación del formador se puede realizar desde varias vertientes, en cada una de ellas se evalúan aspectos diferentes, pero todas persiguen el mismo fin, que es fomentar la calidad de la formación.

Evaluación realizada por los alumnos

Los alumnos pueden evaluar aspectos como la relación del formador con los alumnos, la organización de las sesiones, el control de clase, la efectividad de la enseñanza, etc.

En la siguiente tabla se muestra un cuestionario a modo de ejemplo:

Marque la opción que más se adecúe a las características que prevalecieron a lo largo del curso

---

1. Las oportunidades que tuve para realizar preguntas en clase fueron:
   a. Frecuentes
   b. Regulares
   c. Escasas
   d. Muy escasas

---

2. El interés que mostró el formador respecto a los alumnos fue:
   a. Satisfactorio
   b. Regular
   c. Poco
   d. Muy pobre

---

3. El clima existente en el aula fue:
   a. Bueno
   b. Regular
   c. Tenso
   d. Malo

Continúa en página siguiente >>

<< Viene de página anterior

**Marque la opción que más se adecúe a las características
que prevalecieron a lo largo del curso**

4. En la prueba final se evaluaban los contenidos dados a lo largo del curso:
   a. Sí
   b. No

5. El material presentado en el curso fue:
   a. Original
   b. Poco original
   c. Nada original

6. Las actividades que realicé para asimilar los contenidos fueron:
   a. Útiles
   b. Regulares
   c. Pobres
   d. Inútiles

7. El contenido marcado para el curso se expuso en su totalidad:
   a. Sí
   b. No

8. El grupo de alumnos afectó a mi aprendizaje:
   a. De manera positiva
   b. De manera negativa
   c. No me afectó

9. El material audiovisual me pareció:
   a. Atractivo
   b. Regular
   c. Inadecuado

10. Los procesos, problemas y soluciones experimentados en el trabajo en
    grupo fueron:
    a. Bien planteados
    b. Regular planteados
    c. Mal planteados

11. Las exposiciones por parte del docente me parecieron:
    a. Buenas
    b. Regulares
    c. Malas

Continúa en página siguiente >>

<< Viene de página anterior

Marque la opción que más se adecúe a las características que prevalecieron a lo largo del curso

---

12. La actuación del profesor durante el curso evidenció:
    - a. Un elevado conocimiento de la materia
    - b. Un mediano conocimiento
    - c. Un escaso conocimiento

---

13. El profesor supo controlar las conductas perturbadoras sucedidas a lo largo del curso de forma:
    - a. Eficaz
    - b. Regular
    - c. Ineficaz

---

14. El ritmo que siguió el profesor al exponer los contenidos me pareció:
    - a. Muy bueno
    - b. Satisfactorio
    - c. Monótono

---

15. La secuencia de presentación de los contenidos del curso fue:
    - a. Lógica
    - b. Regular
    - c. Arbitraria

---

16. La actuación del profesor despertó interés y motivación:
    - a. Muchas veces
    - b. Algunas veces
    - c. Pocas veces
    - d. Ninguna vez

Evaluación realizada por el propio formador

En esta evaluación, el formador va a evaluar la preparación del curso, el desarrollo del mismo, y también realizará una evaluación propia de su actuación como formador.

En la siguiente tabla se muestra un cuestionario a modo de ejemplo:

Marque la opción que más se adecúe a las características que prevalecieron a lo largo del curso

A. PREPARACIÓN DEL CURSO

1. ¿Cómo ha sido el tiempo con el que ha contado?
   a. Suficiente
   b. Insuficiente

¿Por qué? _____

2. ¿Cómo considera la distribución de las sesiones del curso?
   a. Adecuadas
   b. Inadecuadas

¿Por qué? _____

3. ¿Ha dispuesto de las guías didácticas del curso?
   a. Sí
   b. No

¿Por qué? _____

4. ¿Ha dispuesto de los recursos necesarios para la preparación de sus sesiones?
   a. Sí
   b. No

¿Cuáles le han hecho falta? _____

5. Teniendo en cuenta su nivel de formación, ¿ha necesitado apoyo por parte de la dirección del curso?
   a. Sí
   b. No

¿Cómo ha sido el apoyo? _____

B. DESARROLLO DEL CURSO

6. ¿El desarrollo de las sesiones (distribución y tiempo) se ha correspondido con la planificación prevista?
   a. Sí
   b. No

7. ¿La metodología utilizada para el desarrollo de las sesiones ha propiciado la participación e implicación del alumnado?
   a. Sí
   b. No

¿Por qué? _____

Continúa en página siguiente >>

<< Viene de página anterior

Marque la opción que más se adecúe a las características que prevalecieron a lo largo de curso

---

8. ¿Considera que el clima del curso ha sido el adecuado?
   - a. Sí
   - b. No

¿Por qué? _____

9. ¿El contexto donde se ha desarrollado el curso ha sido adecuado y oportuno?
   - a. Sí
   - b. No

¿Por qué? _____

10. ¿Ha conseguido los objetivos propuestos?
   - a. Sí
   - b. No

¿Por qué? _____

C. AUTOEVALUACIÓN

11. Evalúe de 1 a 4 los siguientes apartados relacionados con su intervención como formador, donde:
   1. Considero imprescindible mejorar mi formación en este aspecto.
   2. Considero necesario mejorar mi formación en este aspecto.
   3. Cuento con recursos necesarios para el desarrollo ajustado del curso, pero podría encontrar dificultades si éste cambia el rumbo prefijado.
   4. Mi formación al respecto es adecuada y dispongo de recursos suficientes para el desarrollo óptimo del curso.

	1	2	3	4
Dominio de los contenidos				
Metodología/didáctica empleada				
Comunicación con el alumnado				
Trabajo en equipo				

D. AMPLIACIÓN

Puede anotar a continuación cualquier aportación que desee realizar y no haya sido considerada en este cuestionario.

_____

_____

11.6. Tipos de evaluación

Existen diferentes tipos de evaluación, cada una se aplicará atendiendo a diferentes criterios.

Según su finalidad o función de la evaluación

Diagnóstica

Esta evaluación, como su nombre indica, tiene un carácter diagnóstico, ya que permite que se conozcan las potencialidades del alumno. De esta manera, la actividad didáctica se dirige de forma más efectiva.

Formativa

Se utiliza como estrategia para mejorar y ajustar los procesos formativos en el momento que se están llevando a cabo, para alcanzar las metas y los objetivos marcados. La evaluación formativa es aplicable a la evaluación de procesos.

Sumativa

Se aplica a la evaluación de productos terminados, es decir, se sitúa concretamente cuando finaliza un proceso, cuando éste se considera acabado. Su propósito es determinar el grado en que se han conseguido los objetivos establecidos, para evaluar de forma positiva o negativa el resultado. Esta evaluación permite tomar medidas tanto a medio como a largo plazo.

Según el momento de aplicación de la evaluación

Inicial

Se produce al principio del proceso de enseñanza-aprendizaje. La función que tiene la evaluación inicial es identificar el nivel de conocimientos que tienen los alumnos que inician un curso y, de esta manera, comprobar si los alumnos cuentan con los conocimientos necesarios para comenzarlo, y determinar si es posible impartirlo de acuerdo al programa formativo o si se requiere alguna modificación.

Procesual

La evaluación procesual se basa en valorar, de forma continua, el aprendizaje de los alumnos y la enseñanza del profesor, a través de la recogida sistemática de datos, toma de decisiones, etc.

La evaluación procesual es totalmente formativa, ya que, al favorecer la recogida continua de datos, permite tomar decisiones en el mismo momento que se considere necesario.

Los resultados que se obtienen forman la base permanente para el formador a la hora de programar las actividades diarias, así como para establecer las actividades y los procedimientos más apropiados. De esta manera, se evitan las dificultades que se puedan producir en los aprendizajes que se están llevando a cabo. La finalidad de todo esto es evitar errores y vacíos en los aprendizajes posteriores.

Final

La evaluación final es aquella que se realiza al finalizar la formación, por lo tanto ésta recoge y valora los resultados obtenidos a lo largo de un periodo formativo.

Según su extensión

Global

Tiene en cuenta todos los elementos y procesos que guardan relación con todo lo que es objeto de evaluación. Por ejemplo, si se trata de evaluar el proceso de aprendizaje de los alumnos, esta evaluación se centra en todas las áreas en general, pero sobre todo en los diversos tipos de contenidos de enseñanza (conceptos, procedimientos, valores, normas, etc.).

Parcial

Esta evaluación no se realiza de manera global, sino que se lleva a cabo por partes, es decir, evalúa los componentes que más interesan.

Según los agentes que realizan la evaluación

Autoevaluación o evaluación interna

Es el proceso sistemático mediante el cual una persona o grupo examina y valora sus procedimientos, comportamientos y resultados, para identificar qué quiere corregir o modificar en él. La evaluación interna muestra que los alumnos están más motivados a la hora de realizar una tarea difícil. La puesta en práctica de la autoevaluación no conlleva que el profesorado abandone sus funciones, sino que implica una concepción diferente de la enseñanza.

La autoevaluación ofrece al estudiante ayuda para descubrir sus necesidades, cantidad y calidad de su aprendizaje, causas de sus problemas, dificultades y éxitos en el estudio. De esta manera, el alumno puede conocerse de manera más concreta.

Heteroevaluación o evaluación externa

La evaluación externa es realizada o llevada a cabo por otra persona que no es el protagonista del aprendizaje. En esta evaluación, lo más frecuente es que el profesor evalúe al alumno.

TIPOS DE EVALUACIÓN	
Según su finalidad o función	- Diagnóstica - Formativa - Sumativa

Continúa en página siguiente >>

<< Viene de página anterior

TIPOS DE EVALUACIÓN

Según su momento de aplicación	- Inicial - Procesual - Final
Según su extensión	- Global - Parcial
Según los agentes que la realizan	- Autoevaluación o evaluación interna - Heteroevaluación o evaluación externa

Solucionarios de ejercicios de repaso y autoevaluación

Contenido

Solucionario 1

Montaje de elementos y equipos de instalaciones eléctricas de baja tensión en edificios

 **Solucionario Capítulo 1**

1. **Indique si las siguientes afirmaciones son verdaderas o falsas:**

   a. El estado natural de la materia es neutro, ya que se igualan la cantidad de electrones y protones.

   ☐ Falso
   ☑ **Verdadero**

   b. Si se aumenta la cantidad de electrones de un cuerpo, este adquiere una carga eléctrica positiva.

   ☑ **Falso**
   ☐ Verdadero

   c. La tensión eléctrica también se denomina "fuerza del circuito".

   ☑ **Falso**
   ☐ Verdadero

2. **Enumere las principales magnitudes eléctricas fundamentales.**

   Voltaje o diferencia de potencial: El voltaje o diferencia de potencial es la magnitud que representa la fuerza de la energía eléctrica, siendo su unidad de medida los voltios.

   Corriente eléctrica: La corriente eléctrica es la magnitud que representa la velocidad de circulación de la energía eléctrica. Su unidad de medida son los amperios.

   Resistencia eléctrica: La resistencia eléctrica es la magnitud que representa la oposición de un material al paso de la energía eléctrica y su unidad de medida es el ohmio

3. **¿Qué magnitud se define matemáticamente como el flujo de carga eléctrica que fluye por un punto del circuito en un segundo?**

   a. La capacitancia
   b. La intensidad
   c. La resistencia
   d. La tensión

4. ¿En qué unidad se mide la intensidad de corriente?

Amperios

5. Explique los aspectos por los que la resistencia eléctrica influye en el rendimiento de los sistemas eléctricos.

- Determina la manera en la se distribuye la corriente eléctrica en un circuito.
- Establece la cantidad de energía disipada como calor en los componentes.
- Define el comportamiento de los dispositivos como resistencias, sensores y filamentos.

6. ¿Qué potencia eléctrica no realiza ningún trabajo útil?

    a. La potencia activa
    b. La potencia aparente
    c. La potencia reactiva
    d. La potencia referente

7. Los tipos de corriente alterna y continua dependen de…

    a. … el equipo con el que se midan las magnitudes.
    b. … la temperatura que alcance el receptor.
    c. … la dirección en la que se mueven las cargas.
    d. … la oscilación del campo lumínico.

8. ¿Qué magnitud eléctrica mide el número de veces por segundo que la tensión cambia de sentido?

    a. Voltaje
    b. Intensidad
    c. Resistencia
    d. Frecuencia

9. Defina la ley de Ohm

La diferencia de potencial (U) aplicada en los extremos de un circuito o conductor es directamente proporcional a la intensidad de la corriente (I) que circula por el circuito o conductor e inversamente proporcional a la resistencia del circuito.

10. Cumplimente los espacios faltantes en la siguiente afirmación:

La **resistencia** de un conductor varía de forma **proporcional** a la **temperatura**, de forma que, a **mayor** temperatura, mayor será la **resistencia** del **conductor** y viceversa. La temperatura de referencia de los conductores está establecida en **20 °C**.

11. Defina en qué consiste el desfase eléctrico.

El desfase eléctrico se refiere a la diferencia de tiempo o ángulo existente entre dos ondas sinusoidales, como son el voltaje y la corriente, que oscilan a la misma frecuencia en un circuito eléctrico.

12. Las instalaciones con un factor de potencia muy bajo se caracterizan por que para generar la misma potencia que otra instalación similar necesitan

    a. ... una tensión mayor.
    b. ... una tensión menor.
    c. ... una intensidad menor.
    d. ... una intensidad mayor.

13. Establezca las diferencias existentes entre los términos "campo de lectura" y "campo de medida".

Campo de lectura o rango de valores que el instrumento puede mostrar en su escala o pantalla, ya sea analógica o digital. Representa los valores visibles, pero no necesariamente en los que el instrumento mide con precisión.

Campo de medida o rango de valores en el que el instrumento garantiza que las mediciones son precisas y confiables, dentro de los márgenes de error especificados por el fabricante.

14. **Defina las medidas más habituales que se pueden realizar con un polímetro.**

   ▪ **Medida de tensión.** El polímetro se convierte en un voltímetro que mide la diferencia de potencial eléctrico entre los dos puntos de un circuito. Su unidad de medida es el voltio (V) y puede realizarse tanto en equipos de corriente alterna (AC) como en equipos de corriente continua (DC).
   ▪ **Medida de intensidad.** El polímetro se intercala con el circuito para medir la cantidad de carga eléctrica que circula por el circuito. Su unidad de medida es el amperio (A) y también puede realizarse tanto en corriente alterna como en corriente continua.
   ▪ **Medida de resistencia.** Se mide la capacidad de un material para oponerse a ser atravesado por un flujo de corriente eléctrica. Su unidad de medida es el ohmio (Ω).

15. **¿Qué tipo de valores son los medidos por los polímetros?**

   a. Los valores máximos
   b. Los valores medios
   c. **Los valores eficaces**
   d. Todas las opciones son incorrectas.

 Solucionario Capítulo 2

1. **Indique si las siguientes afirmaciones son verdaderas o falsas:**

    a. Las canalizaciones eléctricas se pueden dividir en tres grandes grupos: tubos, canales y bandejas.

        ☐ Falso
        ☑ **Verdadero**

    b. Los tubos curvables son aquellos que están diseñados para soportar un alto número de flexiones.

        ☑ **Falso**
        ☐ Verdadero

    c. Los tubos protectores deben tener el diámetro suficiente para permitir un fácil alojamiento y extracción de los cables o conductores aislados.

        ☐ Falso
        ☑ **Verdadero**

2. **Enumere los distintos tipos de instalaciones bajo tubo protector que se regulan en la ITC-BT 21.**

    ▮ Tubos en canalizaciones fijas en superficie.
    ▮ Tubos en canalizaciones empotradas.
    ▮ Canalizaciones aéreas o con tubos al aire.
    ▮ Tubos en canalizaciones enterradas.

3. **Cumplimente los espacios faltantes en la siguiente afirmación:**

El **trazado** de las **canalizaciones** se hará siguiendo líneas **verticales**, **horizontales** o **paralelas** a las aristas de las **paredes** que limitan la ubicación en la que se efectúa la **instalación**.

4. **¿Qué diámetro exterior debe tener un tubo destinado a alojar 5 conductores de 10 mm²?**

   a. 20 mm
   b. 32 mm
   c. 40 mm
   d. 75 mm

5. **Enumere las partes que integran un conductor.**

   ▌ Conductor: elemento central del conductor encargado de transportar la corriente eléctrica. Suele estar fabricado de cobre o aluminio.
   ▌ Aislamiento: capa que rodea al conductor para tratar de evitar que se produzcan fugas de corriente y proteger al conductor contra los cortocircuitos.
   ▌ Cubierta protectora: envuelve el aislamiento para proporcionarle al conductor mayor protección mecánica y resistencia frente a las condiciones de trabajo adversas.
   ▌ Blindaje: protección opcional incorporada por algunos cables contra interferencias electromagnéticas.
   ▌ Relleno: material empleado para darle a los conductores su forma redondeada característica y para fijar los conductores en su posición cuando se agrupan en una manguera eléctrica.
   ▌ Forro exterior: capa exterior de protección contra la humedad, las abrasiones y cualquier otro factor externo que pueda perjudicar al conductor.

6. **Cumplimente los espacios faltantes en la siguiente afirmación:**

   Cuando exista conductor **neutro** en la instalación se identificará por el color **azul claro**. Al conductor de **protección** se lo identificará por el color **verde-amarillo**. Todos los conductores de **fase** se identificarán por los colores **marrón** o **negro**. Cuando se considere necesario identificar **tres** fases diferentes, se utilizará también el color **gris**.

7. **Un código IP está formado por...**

   a. ... dos números obligatorios y una letra suplementaria.
   b. ... dos números obligatorios y una letra adicional.
   c. ... dos números obligatorios, una letra adicional y otra suplementaria.
   d. ... una letra adicional y otra suplementaria.

8. El elemento que asegura una protección mecánica a una lámpara es...

    a. ... la eficiencia.
    b. ... el portalámparas.
    c. ... la luminaria.
    d. ... la lámpara.

9. ¿En qué luminarias la luz se distribuye en flujo luminoso hacia techos y paredes ofreciendo una luz suave y uniforme que no provoca deslumbramiento?

    a. Luminarias asimétricas
    b. Luminarias simétricas
    c. Luminarias directas
    d. Luminarias indirectas

10. Defina qué se entiende por "conexión fría".

Se define como conexión fría a un tipo de unión eléctrica que no genera calor o pérdida de energía significativa durante su funcionamiento, caracterizada por realizarse sin la necesidad de procesos que impliquen fusión de metales, como la soldadura.

11. Cumplimente los espacios faltantes en la siguiente afirmación:

Las **instalaciones** destinadas al alumbrado de **emergencia** tienen por objeto **asegurar**, en caso de fallo del suministro **eléctrico**, la **iluminación** de los **locales** y **accesos** hasta las salidas, para una eventual **evacuación** del público o **iluminar** otros puntos señalados.

12. Defina las partes que componen un equipo autónomo de emergencia.

  ▪ Una **luminaria cerrada** que alberga la lámpara, normalmente LED o fluorescente.
  ▪ Una **batería** responsable de almacenar la energía durante el suministro normal y que suministrará la energía necesaria a la lámpara en caso de fallo del suministro.
  ▪ **Circuito electrónico,** que controla la carga de la batería y el funcionamiento del equipo en caso de fallo.
  ▪ **Testigo** luminoso, que indica el funcionamiento del equipo.

13.Los elementos de maniobra que cortan todos los conductores del circuito son...

    a. ...los de corte bipolar.
    b. ... los de corte tripolar.
    c. ... los de corte tetrapolar.
    d. ... los de corte omnipolar.

14. Defina las características nominales que definen a los seccionadores.

Tensión nominal (kV): tensión máxima que puede soportar el seccionador sin presentar un fallo en el aislamiento.

Corriente nominal (A): corriente máxima que el seccionador puede conducir de manera continua sin sufrir un sobrecalentamiento.

15. Una característica de un conmutador de cruzamiento es...

    a. ... que solo se puede utilizar en ambientes industriales.
    b. ... que siempre tiene que ser metálico.
    c. ... que tiene tres terminales de conexión.
    d. Todas las opciones son incorrectas.

Solucionario Capítulo 3

1. **Indique si las siguientes afirmaciones son verdaderas o falsas:**

   a. La instalación de los elementos y equipos eléctricos en los edificios es un aspecto fundamental en la construcción.

   ☐ Falso
   ☑ **Verdadero**

   b. El primer paso que se debe realizar para intervenir en una instalación eléctrica es la preparación de las superficies.

   ☑ **Falso**
   ☐ Verdadero

   c. En el marcaje del trazado de los tubos también se debe señalar la ubicación del resto de los elementos que intervienen en la instalación.

   ☐ Falso
   ☑ **Verdadero**

2. **Defina lo que se entiende por "instalación de superficie".**

   Las instalaciones de superficie son aquellas en las que los conductos y cables se colocan de manera visible sobre las paredes, techos o suelos, utilizando sistemas de fijación adecuados. Este tipo de canalización es ideal en aquellos espacios en los que no se pueden realizar obras de empotramiento o cuando se desea facilitar futuras modificaciones.

3. **Cumplimente los espacios faltantes en la siguiente afirmación:**

   El **marcado** del **trazado** y la **ubicación** de los **elementos** de la instalación es **fundamental**, puesto que de él **dependen** el resto de los trabajos que se llevan a cabo, desde el **tendido** del cableado hasta las **modificaciones** futuras que sufra la **instalación**.

4. **¿Qué distancia se recomienda que deben tener los registros en los tramos rectos?**

   a. 10 m
   b. **15 m**
   c. 20 m
   d. 25 m

5. **Enumere las condiciones particulares que deben respetarse cuando se realice el montaje al aire.**

   La longitud total de la conducción en el aire no superará los 4 m y no empezará a una altura inferior a 2 m.

   Se debe garantizar que las condiciones de la instalación se mantengan en todo el sistema, especialmente en las conexiones de los extremos.

6. **Indique las pautas que se deben seguir para realizar el doblado de los tubos.**

   Para el doblado de los tubos se debe seguir el siguiente proceso:

   - Marcar el punto de curvatura mediante un marcador señalando el inicio de la doblez en el tubo.
   - Colocación del tubo en la herramienta alineando la marca realizada en el punto anterior con el indicado en la herramienta.
   - Aplicar fuerza o calor, dependiendo de si el conductor es metálico o plástico, de forma que la presión se debe aplicar de forma uniforme. Si el tubo es de PVC se debe calentar antes de doblarlo.
   - Verificar el ángulo para comprobar que la curva es adecuada, para lo que se podrá usar una escuadra o un medidor de ángulos revisando la inexistencia de deformaciones internas o arrugas.
   - Enfriar o ajustar para que el tubo adopte su nueva forma antes de colocarlos en la instalación.

7. **Los conductores aislados fijados directamente sobre las paredes deben tener una tensión asignada...**

   a. ... no inferior a 230/400 V.
   b. **... no inferior a 0,6/1 kV.**
   c. ... no inferior a 750/500 V.
   d. Ninguna de las opciones es correcta.

8. **¿En qué paso de planificación del tendido se determinan las bandejas o tubos necesarios?**

   a. Cálculo de las tiradas de cable.
   b. Revisión de los planos y esquemas.
   c. **Preparación de las canalizaciones.**
   d. Todas las opciones son incorrectas.

9. **Enumere las pruebas y verificaciones que se deben llevar a cabo para garantizar que la instalación cumple con los requisitos eléctricos y normativos.**

   ▪ Prueba de continuidad: asegurar que no existen interrupciones en el circuito.
   ▪ Prueba de aislamiento: verificar que el aislamiento entre los conductores y el de tierra es el adecuado.
   ▪ Prueba de resistencia: medida de la resistencia de los cables para confirmar que están dentro de los límites normativos.

10. **¿Qué distancia es la recomendable entre los distintos elementos de sujeción en una instalación de conductores aislados sobre las paredes?**

    a. Entre 10 y 30 cm
    b. **Entre 30 y 50 cm**
    c. Entre 50 y 100 cm
    d. Entre 100 y 200 cm

11. **Cumplimente los espacios faltantes en la siguiente afirmación:**

    Los **dispositivos** de **mando** y **protección** deben instalarse a una **altura** de entre 1,4 y 2 m en las **viviendas** y a una altura mínima de **1 m** en los **locales comerciales**.

12. Enumere al menos 5 recomendaciones para el uso y manejo de las herramientas eléctricas.

▮ Utilizar herramientas diseñadas específicamente para trabajos eléctricos, certificadas y con aislamiento eléctrico según las normativas.

▮ Utilizar la herramienta adecuada para el trabajo que se va a desarrollar.

▮ Verificar el estado de las herramientas antes de usarlas, rechazando aquellas que presenten daños, grietas, desgaste o signos de corrosión en el aislamiento.

▮ Reemplazar inmediatamente cualquier herramienta defectuosa para prevenir accidentes.

▮ Disponer un área de trabajo seca y bien iluminada.

▮ Mantener el área de trabajo ordenada para evitar tropiezos o caídas.

▮ Usar equipos de protección individual (EPI) como guantes dieléctricos, calzado con suela aislante y gafas de seguridad para protegerse ante posibles descargas, cortocircuitos o proyecciones de partículas.

▮ Limpiar periódicamente las herramientas para eliminar restos de suciedad o sustancias que puedan comprometer su funcionamiento.

▮ Almacenar las herramientas en un lugar seco, ordenado y protegido para prolongar su vida útil.

13. Un manual de uso y mantenimiento de una herramienta incluye...

a. ... las especificaciones técnicas de la herramienta.

b. ... las instrucciones de seguridad.

c. ... garantía y soporte.

d. Todas las opciones son correctas.

14. El mantenimiento que se realiza cuando una herramienta presenta una avería es...

a. ... el mantenimiento preventivo.

b. ... el mantenimiento periódico.

c. ... el mantenimiento activo.

d. ... el mantenimiento correctivo.

15. Una buena práctica en el mantenimiento de la herramienta eléctrica es...

    a. ... almacenarlas correctamente.

    b. ... evitar el contacto con grasas y productos corrosivos.

    c. ... documentar las actividades de mantenimiento.

    d. Todas las opciones son correctas.

Solucionario Capítulo 4

1. **Indique si las siguientes afirmaciones son verdaderas o falsas:**

    a. La sustitución de un elemento averiado es una actividad crítica en las instalaciones en las que se debe asegurar el confort y la seguridad.

    ☐ Falso
    ☑ **Verdadero**

    b. El primer paso que se debe realizar para intervenir en una instalación eléctrica es desmontar los elementos dañados.

    ☑ **Falso**
    ☐ Verdadero

    c. En la resolución de las averías se deben utilizar equipos de protección personal (EPI).

    ☐ Falso
    ☑ **Verdadero**

2. **Enumere las averías típicas que se producen en una instalación eléctrica.**

    ▌ Cortocircuito
    ▌ Sobrecarga o sobreintensidad
    ▌ Caída de tensión
    ▌ Contactos eléctricos flojos o dañados
    ▌ Fallos en los interruptores y tomas de corriente
    ▌ Derivación a tierra

3. **Describa lo que se entiende por "contacto directo".**

    Contacto directo es aquel que se produce cuando existe un contacto de los conductores de fase o neutro o con algún elemento de la instalación eléctrica conectado a estos.

4. Describa lo que se entiende por "contacto indirecto".

Contacto indirecto es aquel que se da cuando se produce un contacto con partes que están puestas en tensión debido a un fallo de aislamiento.

5. ¿Qué avería se debe a la conexión de dos conductores expuestos a distintos potenciales?

    a. El contacto indirecto
    b. El cortocircuito
    c. La sobrecarga del circuito
    d. La caída de tensión

6. Defina a qué se deben las sobrecargas.

La sobrecarga se produce cuando hay un aumento de la intensidad de corriente del circuito mayor a la intensidad de diseño de la instalación, lo que provoca una generación excesiva de calor.

7. Indique las causas más habituales que provocan las caídas de tensión.

Entre las causas más habituales que producen estas averías se encuentran:

- Distancia excesiva entre la fuente que suministra la energía y la carga.
- Conductores con sección insuficiente.
- Sobrecarga en los circuitos.

8. ¿Cuál de las siguientes opciones corresponde con un síntoma de que existen contactos eléctricos dañados?

    a. Puntos calientes de conexión
    b. Fallos intermitentes en el suministro
    c. Presencia de zumbidos en el interior del equipo
    d. Todas las opciones son correctas.

9. ¿Qué equipo de protección está destinado a proteger a las personas contra los contactos indirectos?

    a. El cableado de la instalación
    b. El interruptor magnetotérmico
    c. El interruptor diferencial
    d. Todas las opciones son incorrectas.

10. ¿Qué mantenimiento toma especial importancia en la prevención de las averías?

    a. El mantenimiento predictivo
    b. El mantenimiento correctivo
    c. El mantenimiento preventivo
    d. Todas las opciones son incorrectas.

11. Cumplimente los espacios faltantes en la siguiente afirmación:

Es **importante** utilizar **materiales** y equipos **homologados** y **certificados** con las **calidades** indicadas en la **normativa** que afecte a la **instalación**.

12. Enumere las cinco reglas de oro.

    1.ª regla. Desconexión de las fuentes de alimentación. Corte efectivo.
    2.ª regla. Bloqueo y señalización para evitar reconexiones.
    3.ª regla. Verificar la ausencia de tensión.
    4.ª regla. Poner a tierra y en cortocircuito.
    5.ª regla. Protección y señalización de la zona de trabajo.

13. ¿Qué recomendaciones se deben seguir antes de intervenir en cualquier avería eléctrica?

- Se debe cortar el suministro eléctrico del equipo o circuito sobre el que se va a trabajar mediante la desconexión del interruptor magnetotérmico del cuadro general de mando y protección que corresponda al circuito.
- No se deben manipular los elementos o instalaciones eléctricas si se encuentra presente el agua o la humedad.
- Se deben emplear las herramientas adecuadas, que deben disponer de un aislamiento eléctrico apropiado, así como los equipos de protección individual, que deben ser los precisos para los trabajos eléctricos.
- Si la avería es compleja o se desconocen los pasos que seguir para su reparación se debe consultar o pedir apoyo a otros profesionales.

14. Enumere el proceso de reparación de una avería en un mecanismo.

- Apagado del interruptor general antes de manipular ningún elemento del circuito o instalación.
- Retirada de la cubierta del mecanismo afectado.
- Inspección de los cables y conexiones en busca de puntos de desgaste o corrosión.
- Sustitución del componente defectuoso por uno nuevo.
- Restablecimiento del suministro y verificación del funcionamiento.

15. Enumere las herramientas necesarias para reparar las instalaciones eléctricas averiadas.

- Destornilladores aislados plano y de estrella
- Pelacables o tijeras aisladas
- Alicates de corte aislados
- Polímetro
- Linterna (si la zona de trabajo tiene un nivel de iluminación bajo)
- Guantes aislantes

Solucionario 2

Montaje en instalaciones domóticas en edificios

Solucionario Capítulo 1

1. **Complete el siguiente texto:**

   Los sistemas **domóticos** se encargan en general de recibir información de los **sensores**, **procesar** esa información, y según las **consignas** que se le hayan previamente indicado, emitir las **órdenes** pertinentes a unos **actuadores** que ejecutarán la acción. También permiten que el **usuario** indique cualquier acción en el momento que este estime oportuno aún **contradiciendo** las **consignas** predeterminadas.

2. **De los siguientes aspectos sobre domótica marque con una "S" los referidos a seguridad, con una "C" los de control, y con una "E" los de ahorro económico:**

   a. Control del riego y electrodomésticos.**(S)**
   b. Control de climatización. **(S)**
   c. Alarma de fugas. **(S)**
   d. Fuego. **(S)**
   e. Control de iluminación. **(S)**
   f. Alumbrado automático. **(C)**
   g. Gases. **(C)**
   h. Monitorización. **(C)**
   i. Alarma de intrusión. **(E)**
   j. Ahorro. **(E)**

3. **¿Podría especificar las diferencias existentes entre domótica e inmótica?**

   La domótica está compuesta de instalaciones de automatización y control referidas principalmente a viviendas, a diferencia de la inmótica que está más destinada a control de instalaciones industriales, hoteles, etc.

4. **¿Cuántos tipos de detectores de fuego se pueden encontrar en el mercado? Señale al menos cuatro.**

   - Detector termovelocimétrico.
   - Detector óptico de llama.
   - Detector óptico de humo.
   - Detector iónico.

5. ¿Qué circuito siguen las señales en las instalaciones domóticas desde que son captadas hasta que se ejecutan las instrucciones pertinentes? Expóngalo en forma de esquema.

Ciclo de vida de una señal en un sistema domótico, desde que nace, hasta que termina en el actuador

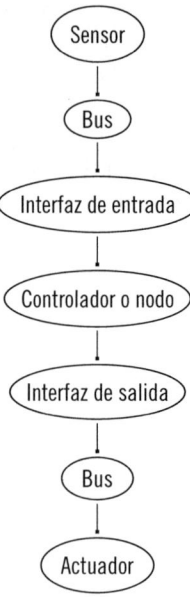

6. ¿Qué tipo de detector es el representado en la imagen? ¿A qué uso está destinado principalmente?

Es un detector volumétrico destinado a captar la presencia para accionar de forma instantánea una dependencia.

7. Indique si las siguientes afirmaciones son verdaderas o falsas.

   a. Una instalación de videovigilancia no se pude integrar con una de intrusión.

   ☐ Verdadero
   ☑ **Falso**

b. Una instalación de videovigilancia permite la visualización de imágenes solo en directo.

   ☐ Verdadero
   ☑ **Falso**

c. Los sensores magnéticos pertenecen a las instalaciones de intrusión.

   ☑ **Verdadero**
   ☐ Falso

d. Los detectores volumétricos pueden identificar el tipo de objeto detectado.

   ☐ Verdadero
   ☑ **Falso**

8. El tipo de dispositivo que actúa sobre una persiana para que baje o suba es:

   a. Un sensor.
   b. Una fuente de alimentación.
   c. Un actuador.
   d. Un controlador.

9. ¿Qué cuatro aspectos fundamentales intervienen en el control de la climatización de un sistema domótico? Expóngalo en forma de esquema.

Se necesitan de cada uno de los factores representados para tener un control efectivo de la climatización

10. ¿Qué se representa en la figura?

Un sistema domótico con control distribuido en el que no existe un equipo controlador general, sino que cada nodo de la instalación asume los controles propios de sus funciones.

11. Complete el siguiente texto:

Dentro del sistema domótico, los **sensores** son los encargados de **captar** la información que se encuentra en el **entorno** de la vivienda. **Captan** las señales y las envían al **controlador** para que las **analice** y **procese** antes de dar la información a los **actuadores** si fuese necesario.

12. ¿Qué relación guardan las interfaces de entrada con los sensores?

Ambos están destinados a introducir información al sistema, solo que los sensores recogen la información del exterior, y las interfaces de entrada son más bien las entradas físicas, las puertas por donde entra dicha información.

13. Exponga los tres tipos de actuadores existentes y la característica principal de su funcionamiento.

- Actuador todo o nada: son relés que abren o cierran contactos.
- Analógicos: envían señales eléctricas de tipo analógico (basadas principalmente en amplitudes de voltaje).
- Digitales: se comunican mediante señales digitales (ceros y unos).

14. ¿Para qué sirven las fuentes de alimentación? ¿Qué tipo de transformación eléctrica realizan?

Las fuentes de alimentación son dispositivos encargados de suministrar energía eléctrica a un determinado voltaje y amperaje. Se parte de la base de que el suministro eléctrico es el que llega desde la acometida de la red eléctrica a 230 V en corriente alterna, y la fuente de alimentación transforma y estabiliza esa señal hasta convertirla en otra de un voltaje determinado 6 V, 12 V, 15 V, o lo necesario en corriente continua para cada dispositivo.

Solucionario Capítulo 2

1. Complete el siguiente texto.

Se considera parte indispensable para llevar a cabo una instalación domótica el **conocer** y saber **interpretar** los planos aportados por el **proyecto** antes de iniciar cualquier tipo de **preparación** y **planteamiento** de tendido de conductores. No solo se deben conocer los términos puramente domóticos sino que también hay que dominar muchos otros aspectos como es la **albañilería** y la **electricidad** por estar íntimamente ligados al tendido de los conductores en la vivienda.

2. Relacione cada tipo de formato de plano con su característica principal.

a. DIN A4.
b. DIN A0.
c. DIN A3.
d. DIN A1.
e. DIN A2.

c., d. y e. Usados habitualmente en viviendas aisladas y pequeños bloques.
a. Tamaño folio.
b. Formato extenso difícil de manejar.
c., d. y e. Mejor adaptación a escalas pequeñas.

3. ¿Qué es el cajetín en un plano?

El cajetín está representado normalmente con un recuadro con varias casillas en las que se introducen todos los datos relativos al autor del proyecto, promotor, nombre de la obra y situación de la misma, número de plano, escala, nombre del plan, fecha, y algún dato más que se estime necesario. Este cajetín además suele incluir un margen con una línea que bordea el formato.

4. ¿Qué significa que un plano tenga una escala 1:50? ¿Qué correspondencia tendría en la realidad un pilar de 10 mm medido sobre plano?

La escala especifica que a cualquier unidad medida en el plano le corresponderían 50 unidades en la realidad, por tanto, si se ha medido un pilar de 10 mm, realmente, ese pilar mide 500 mm.

5. **¿Qué representa esta imagen? ¿Es necesario realizar esta actividad para que el sistema a instalar funcione?**

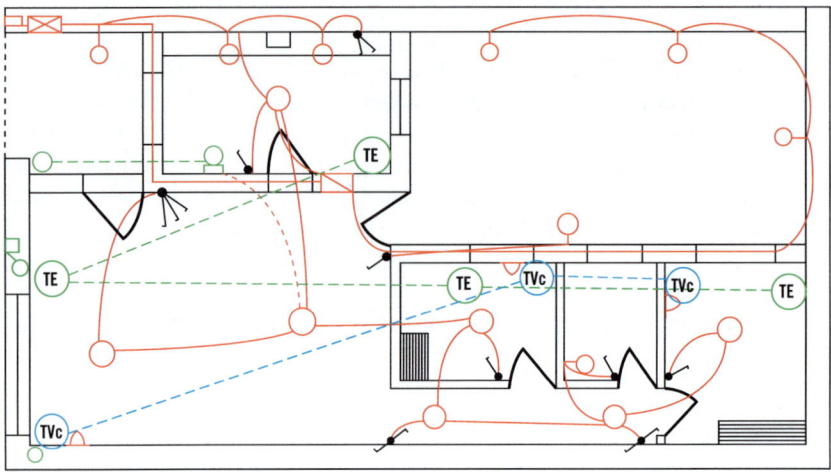

En esta imagen se representa un croquis a mano alzada de la distribución que seguirá la canalización de una instalación domótica.

Esta tarea no es imprescindible para el funcionamiento final del sistema domótico, pero si es un ejercicio interesante de organización y diseño profesional de la instalación que pudiera evitar muchos problemas a posteriori.

6. **¿Por dónde puede discurrir la canalización de una instalación domótica?**

Por suelo, pared o techo.

7. ¿Qué se está representando en la imagen y qué pasos previos se han necesitado hasta llegar a ella?

Es la representación de la distribución de cableado que se estudió en plano "llevada" a la realidad. Esto se conoce como replanteo. Para llegar a esta fase, previamente, se ha necesitado realizar un estudio minucioso del plano en donde se han representado a escala las medidas que posteriormente se han implementado en la realidad.

Se han tenido que tomar puntos de referencia para hacer coincidir las distribuciones planteadas en el plano y la realidad física presentada.

Posteriormente se han comprobado las medidas representadas en el plano y sus correspondientes en obra para evitar confusiones y para que en la última fase se señalen o dibujen directamente sobre la superficie en donde se desplegarán tal y como representa la imagen.

8. Indique si las siguientes afirmaciones son verdaderas o falsas:

    a. Los sensores empotrados se encuentran fijados por tornillería a la superficie que los sujeta.

        ☐ Verdadero
        ☑ **Falso**

b. Los sensores que tienen un menor tamaño se ocultan.

☑ **Verdadero**
☐ Falso

c. Los actuadores incrustados en un motor de persiana están ocultos.

☑ **Verdadero**
☐ Falso

d. A los actuadores de superficie debe acompañarle una caja para ser in-crustados en ella.

☐ Verdadero
☑ **Falso**

9. ¿Qué se representa en la figura? ¿Para qué sirven?

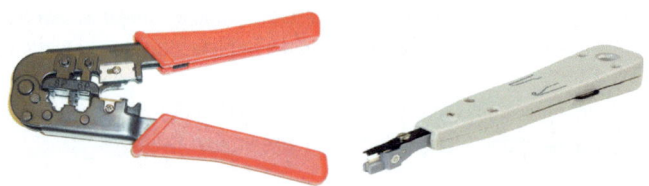

Corresponden a una gama de crimpadoras de conectores RJ45. La crimpadora tipo te-naza (de puños rojos) está dedicada a crimpar (realizar el conexionado) los hilos que forman el cableado (principalmente el de datos) a los conectores "macho" del cable, es decir, los conectores que se insertarán directamente en los equipos de telecomunicacio-nes o en tomas "hembra".

La crimpadora de impacto, como la del modelo blanca y alargada de la imagen, es la herramienta destinada a conectar los hilos de cable a los conectores "hembra". El co-nexionado que proporciona es un conexionado de corte, haciendo coincidir las cuchillas de la misma con cada uno de los bornes de la toma.

10. Complete el siguiente texto.

Siempre que la instalación sea muy simple, el controlador irá incluido en la misma **carcasa** que las **interfaces** de entrada y de salida. La otra forma de colocación es en **armario,** que es la más común cuando una instalación es un poco más compleja. La primera se suele utilizar en pequeñas obras de **reforma** o cuando se quiere hacer un **control** puntual de pocos elementos. La segunda se realiza cuando el número de **controladores** y su **tamaño** se van incrementando.

11. Seleccione la respuesta correcta con respeto a la instalación de interfaces.

    a. La interfaz USB es el más fácilmente instalable.
    b. La instalación de la interface de pines ha de seguir un esquema de conexionado.
    c. La interface RJ45 dispone de un único modo de crimpado.
    d. Una interface de salida solo puede ser instalada de forma empotrada.

12. ¿Qué representa la imagen?

Es un conexionado de cableado domótico en una interface de entrada de pines.

13. ¿Qué dos opciones existen de montaje de canalización a techo?

Una es anclada directamente a la estructura y la otra es mediante bandejas descolgadas a una cierta distancia. Ambas pueden tener un falso techo bajo ellas o pueden ser vistas.

14. Describa los pasos que debería seguir en un replanteo.

    ▮ Lo primero es situarse en la zona de la vivienda que se quiere replantear.
    ▮ Lo siguiente es desplegar el plano para estudiar el sistema de montaje indicado y ver las distancias de referencia que señala así como los tipos de conductores.
    ▮ Se comprobarán todas las medidas para ver que coinciden con la realidad y evitar errores.
    ▮ El equipo utilizará algún elemento que permita dibujar sobre el soporte que se tenga, ya sea ladrillo, hormigón, tabiques prefabricados o cualquier otro.

Se suele utilizar espray señalizador o simplemente tiza y mediante cinta métrica se irán traspasando medidas.

▌ Mediante unas señales concretas se irán pasando las medidas desde el plano hasta los tabiques, techos o suelos, según corresponda, indicando con textos aclaratorios el tipo de conductor y los elementos que une. Todo ello se hará respetando tanto las instrucciones del plano como la normativa específica para este tipo de instalaciones.

▌ Finalmente, tras haber dibujado todos los conductores, se procederá a la comprobación nuevamente de las medidas del plano para cerciorarse de no haber cometido error alguno.

Solucionario Capítulo 3

1. **¿Cómo se puede organizar físicamente el conexionado de las instalaciones domóticas?**

   En estrella, en bus, en anillo y en malla.

2. **Relacione cada tipo de sistema de soporte de conexionado lógico con alguna de sus características.**

   a. Sistema de corriente de portadoras.
   b. Sistema independiente.
   c. Sistema inalámbrico.

   b. Se utilizan cables especiales como los de pares trenzados.
   c. Las señales viajan mediante ondas.
   a. Está basado en la línea eléctrica del local.

3. **Complete el siguiente texto.**

   La última **fase** de la instalación sería la **conexión** de los diferentes elementos entre sí, en este caso la **conexión** de los **sensores** a los **conductores** que llevarán la información hasta otros **elementos** de la instalación. Esa conexión se puede hacer de dos formas diferentes, la primera es a través de **cables** conductores y la segunda mediante un sistema **inalámbrico.**

4. ¿A qué corresponde esta imagen?

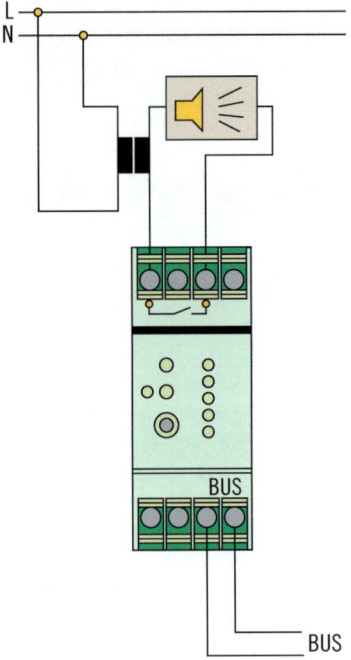

Es un esquema de conexionado de cableado de un actuador al que se le conectan los cables provenientes del bus domótico. En la parte superior tiene el conexionado físico con el elemento contra el que actúa, en este caso, contra una bocina.

5. Indique si las siguientes afirmaciones son verdaderas o falsas.

    a. Un sensor solo interactúa con el sistema domótico, ya que con otros sistemas actúa el actuador.

        ☐ Verdadero
        ☑ **Falso**

b. El actuador se ha de interconectar tanto a la red domótica como al dispositivo sobre el que actuará.

☑ **Verdadero**
□ Falso

c. La opción de interconexión inalámbrica solo está disponible para sensores.

□ Verdadero
☑ **Falso**

d. El interconexionado mediante cableado es más laborioso de implementar pero más seguro.

☑ **Verdadero**
□ Falso

6. Para que un dispositivo domótico pueda ser interconectado de forma inalámbrica será fundamental...

a. ... una ficha de bornes.
b. ... una fuente de alimentación de 220 V.
c. ... un módulo RF.
d. ... dos bornes a bus.

7. ¿Qué se representa en la figura?

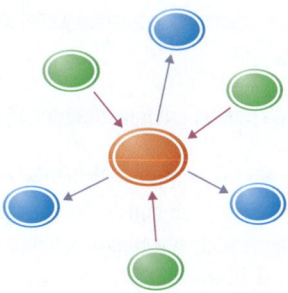

Un modelo de interconexionado físico denominado estrella, simbolizando que un elemento central adquiere el poder y control de toda la instalación, y el resto de dispositivos se conectan directamente a él.

8. Añada alguna de las características del estándar X-10 que faltan en el esquema.

X-10
Sistema de comunicación basado en corrientes portadoras utilizando la propia red de baja tensión de la vivienda
Emplea la estructura de malla para comunicarse entre nodos
Utiliza mensajes en código binario para transmitir la información
Los módulos los puede fabricar cualquier marca comercial aunque deben incluir los circuitos X-10
Tiene la limitación de poder conectar un máximo de 256 componentes
Puede necesitar algunos filtros para depurar la señal
Puede incorporar controladores para comunicación mediante radiofrecuencia o infrarrojos

9. ¿Qué desconexionado provocaría una mayor incidencia en la instalación domótica?

    a. El de una central de control en instalaciones tipo estrella.
    b. El de una central de control en cualquier caso.
    c. El de un actuador con misiones de gestión y control.
    d. El de un sensor con misiones de gestión y control.

10. ¿Qué son los estándares de comunicación domóticos? Cite cuatro.

Son los lenguajes usados por los distintos elementos que forman una red domótica. Todos los elementos de una misma red han de "hablar" el mismo lenguaje para entenderse, es decir, han de intercambiarse códigos entendibles por ellos. Algunos de ellos son X-10, KNX, LONWORKS, AMIGO.

11. ¿Qué diferencias existen entre el conexionado físico y lógico en una instalación domótica?

El físico está basado en la estructura de diseño que adquirirá la instalación según las condiciones que se tengan en cada caso, y el lógico vela por el entendimiento y las distintas formas de comunicarse que pueden emplear los diferentes elementos que componen la instalación, según los estándares escogidos para ello.

12. Exponga en esta imagen qué podría ser nodo, bus, sensor y actuador.

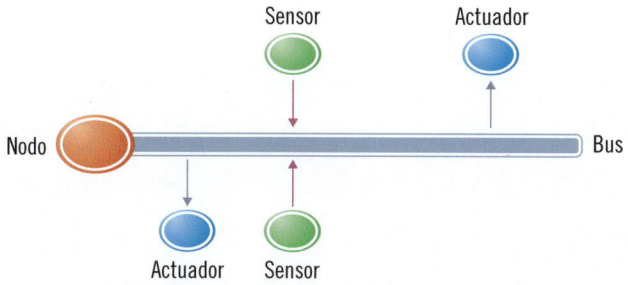

13. Complete el siguiente texto.

Cada tipo de comunicación **lógica** ha sido adquirido como forma básica de **transmisión** de la **información** por los distintos protocolos y **estándares** domóticos existentes **comercialmente.** El **mercado** de la domótica se caracteriza por la existencia de multitud de **marcas** comerciales y también por **estándares** distintos.

14. ¿Qué distintos tipos de configuraciones permite el estándar KNX?

▮ A-MODE: el sistema se configura automáticamente al ser instalado.
▮ E-MODE: el sistema se configura en fábrica. Listo para instalar.
▮ S-MODE: el sistema se configura conectado a un equipo informático mediante un *software* denominado ETS.

 Solucionario Capítulo 4

1. **Especifique tres características del grado 1 de averías.**

   ▐ Error trivial, no reviste importancia.
   ▐ Puede ser una falsa alarma.
   ▐ Se soluciona sin realizar actuaciones complicadas.

2. **¿Qué esquema sigue el procedimiento de inspección de averías?**

INSPECCIÓN

RECOPILAR INFORMACIÓN

LOCALIZACIÓN

POSIBLES CAUSAS

3. **¿Qué cuatro posibles causas de averías se pueden presentar en los conductores de las instalaciones domóticas?**

   ▐ Seccionado: cortes en la línea.
   ▐ Conexiones: mal conexionado.
   ▐ Animales: roedores.
   ▐ Incendio: por sobrecalentamiento o descarga.

4. **¿En qué elemento de la instalación domótica se pueden dar principalmente averías mecánicas?**

   a. Sensores.
   b. Actuadores.
   c. Equipo de control.
   d. Fuente de alimentación.

5. Indique si las siguientes afirmaciones son verdaderas o falsas.

a. Solo la unidad de control puede tener averías de origen eléctrico.

☐ Verdadero
☑ **Falso**

b. Tanto sensores como actuadores pueden sufrir sabotajes.

☑ **Verdadero**
☐ Falso

c. Un fallo en la unidad central de control repercutirá en el resto de elementos.

☑ **Verdadero**
☐ Falso

d. Los fallos en las interfaces son característicos de la unidad de control.

☑ **Verdadero**
☐ Falso

6. Complete el siguiente texto.

La **desconexión** es una parte fundamental en el proceso de gestión de **averías,** sobre todo por la **seguridad** del personal especializado. Es lo primero que se hace justo cuando se detecta la **avería,** ya que además de permitir trabajar con **seguridad** evitará que ese problema pueda **afectar** a otros elementos.

7. ¿Qué esquema sigue el proceso de sustitución de equipos averiados?

1. DESCONEXIÓN
↓
2. LOCALIZACIÓN
↓
3. PLANIFICACIÓN
↓
4. SUSTITUCIÓN

8. Complete el siguiente texto.

Al igual que en cualquier otro sistema, las instalaciones **domóticas** están expuestas a sufrir **averías** en uno o varios de sus **elementos.** El grado de **importancia** de ese fallo vendrá dado por su gravedad en cuanto a la actuación para **solucionarlo.** También se tendrá en cuenta la **complejidad** de la instalación siendo más dificultoso evaluar una **gran** instalación con **multitud** de nodos que una **pequeña** de solo un controlador.

9. ¿Cuáles son los elementos o herramientas básicos necesarios para la gestión de averías?

- Juego de llaves.
- Juego de destornilladores.
- Escaleras.
- EPI.

10. ¿Cómo se puede generar una avería según la acción que se representa en la imagen?

Atravesando y seccionando de forma accidental con el taladro partes ocultas de la instalación como canalizaciones o conductores.

11. Marque con una "C" las averías que se pueden dar por igual en cualquier dispositivo de una instalación domótica, y con una "E", las propias de los equipos de control.

     a. Fallo eléctrico. **(C)**
     b. Fallo en unidad procesamiento. **(E)**
     c. Fallo interfaces. **(E)**
     d. Fallo mecánico. **(C)**
     e. Sobrecalentamiento. **(C)**
     f. Fallo conexionado. **(E)**
     g. Golpes accidentales. **(C)**

12. ¿Qué tipo de fallo se representa en la imagen?

Sobrecalentamiento.

13. ¿Sobre qué dos aspectos se puede actuar en la localización de averías?

    ▌ Averías en los elementos.
    ▌ Averías en los conductores.

14. Las averías también pueden ser intencionadas si se intenta fraudulentamente provocar el fallo de la instalación con el objeto de burlar la seguridad o el control. ¿A qué tipo de avería corresponde esta descripción?

Sabotaje.

15. ¿Qué fase fundamental falta en el esquema de restablecimiento del funcionamiento de la instalación?

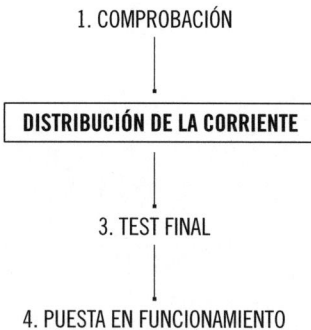

1. COMPROBACIÓN

DISTRIBUCIÓN DE LA CORRIENTE

3. TEST FINAL

4. PUESTA EN FUNCIONAMIENTO

Solucionario 3

Prevención de riesgos laborales y medioambientales en las operaciones de montaje de instalaciones electrotécnicas y de telecomunicaciones en edificios

Solucionario Capítulo 1

1. **Indique cuál de las siguientes afirmaciones es correcta.**

    a. El trabajo es incompatible con la salud.
    b. **El trabajo es compatible con la salud.**
    c. El trabajo disminuye la salud.
    d. El trabajo es supletorio de la salud.

2. **Completa el texto utilizando las siguientes palabras: enfermedad, salud, incompleto, completo, social, psíquico, sí, no.**

    La **salud** se define como un estado **completo** de bienestar físico, mental y **social** y **no** solamente la ausencia de **enfermedad** o dolencia.

3. **Relacione las siguientes frases entre sí.**

    a. La Ley de Prevención de Riesgos Laborales...
    b. La prevención...
    c. Una actividad peligrosa...

    b. ... es un conjunto de medidas adoptadas para disminuir los riesgos laborales.
    a. ... es de obligado cumplimiento.
    c. ... es entendida en ausencia de medidas preventivas.

4. **Indique cuál de las siguientes afirmaciones es correcta.**

    a. El riesgo laboral es la posibilidad de lamentar daños.
    b. **El riesgo laboral es la posibilidad de que un trabajador sufra un determinado daño derivado del trabajo.**
    c. El riesgo laboral puede ocurrir fuera de la jornada laboral.
    d. Todas las opciones son incorrectas.

5. **¿Qué es un riesgo laboral grave?**

    Aquel que pueda suponer un daño grave para la salud de los trabajadores.

6. **En las siguientes frases, ordene el proceso seguido para llevar a cabo las tareas de prevención de riesgos laborales.**

    <u>c.</u> Planificación de las actividades en materia preventiva.
    <u>b.</u> Evaluación de factores de riesgos en la actividad profesional.
    <u>e.</u> Entrega de los Equipos de Protección Individual.
    <u>a.</u> Contacto con asesor en materia de Prevención de Riesgos Laborales.
    <u>d.</u> Formación en materia preventiva de los trabajadores.

7. **¿Cuál de las siguientes entidades o normas realiza la siguiente definición de la salud? "Un estado completo de bienestar físico, mental y social y no solamente la ausencia de enfermedad o dolencia."**

    a. La Ley de Prevención de Riesgos Laborales.
    b. La Ley General de la Seguridad Social.
    c. **La Organización Mundial de la Salud.**
    d. El Ministerio de Sanidad.

8. **En el desempeño de la actividad profesional de instalaciones eléctricas y de telecomunicaciones, sabiendo que los factores de riesgo de la actividad son los contactos con tensiones peligrosas y las alturas, indique si se podría desarrollar en alguno de los entornos donde estuviesen presentes los siguientes factores de riesgo y justifíquelo.**

    a. **Tensiones peligrosas.**
    b. Materiales explosivos.
    c. Exposición lumínica peligrosa.
    d. Sustancias corrosivas.

    Porque el resto de señales corresponden a peligros desconocidos, frente a los cuales no se sabrá cómo actuar por no disponer de la formación en materia preventiva adecuada.

9. **Indique cuál de las siguientes afirmaciones es correcta.**

    a. Los factores de riesgo de una actividad profesional serán múltiples y no evaluables.
    b. **Será fundamental para un trabajador conocer los factores de riesgo de la actividad profesional que desempeña.**

    c. Para un trabajador, no es necesario conocer los factores de riesgo de la actividad profesional, sino para el técnico en prevención que deberá tomar las medidas oportunas.

    d. Todas las opciones son incorrectas.

10. Realice el siguiente crucigrama.

1. Herramienta fundamental para evitar accidentes.
2. Estado completo de bienestar físico, mental y social.
3. Posibilidad de que un trabajador sufra un determinado daño derivado del trabajo.

11. Complete el texto utilizando las siguientes palabras: empresario, planificar, coordinador, evalúa, asesor, salud, conocidos, seguridad, determinada.

Un **asesor** en materia de Prevención de Riesgos Laborales **evalúa** los factores de riesgo que puedan afectar a la **seguridad** y **salud** de los trabajadores de una **determinada** actividad profesional. Una vez **conocidos** los factores de riesgo, se podrán **planificar** las actividades preventivas.

12. Relacione las siguientes frases entre sí.

    a. Los factores de riesgo...
    b. La normativa de Prevención de Riesgos Laborales...
    c. Cabe destacar que será fundamental...

    a. ... también están relacionados con el emplazamiento del trabajo.
    c. ... que el personal laboral conozca los factores de riesgo de la actividad que desempeña.
    b. ... define los servicios de prevención como fundamentales.

13. Indique cuál de las siguientes afirmaciones es correcta.

    a. **Un accidente de trabajo se produce al materializarse un determinado riego profesional.**
    b. Un accidente de trabajo es una lesión sufrida por un trabajador.
    c. La relación entre accidente de trabajo y lesión tiene que ser indirecta.
    d. Todas las opciones son incorrectas.

14. Indique al menos dos causas de características especiales que tengan relación con el accidente de trabajo.

- Accidentes de trabajo ocurridos en el trayecto del trabajo.
- Accidentes de trabajo ocurridos en el desempeño de funciones sindicales.
- Los accidentes que, aún siendo distintos a los riesgos de una determinada actividad profesional, pueda realizar un trabajador siempre que sea en interés para la empresa o por una acción indicada por el empresario.
- Los accidentes ocurridos por imprudencia profesional, que son debidos a la confianza y, por tanto, a las imprudencias derivadas que el trabajador puede mostrar en el desempeño de su actividad profesional.

15. Busque la palabra incorrecta en el siguiente texto y sustitúyala por la que corresponda.

Cuando ocurre un **accidente** laboral, este puede provocar tanto daños personales como daños materiales. En ambos casos, se altera la normalidad del trabajo, con lo que repercutiría en la producción en mayor o menor medida en función de la gravedad o importancia del hecho. En cualquier caso, repercute negativamente contra los intereses de la actividad profesional y, por tanto, negativamente sobre los resultados económicos de la actividad.

Solucionario Capítulo 2

1. Indique cuál de las siguientes afirmaciones es correcta.

    a. Riesgo laboral es la posibilidad de que un trabajador sufra un determinado daño derivado del trabajo.
    b. Riesgo laboral grave es aquel que sobrepasa heridas superficiales.
    c. Los riesgos laborales son generalmente inevitables, es una utopía pensar lo contrario.
    d. Todas las opciones son incorrectas.

2. Complete el texto utilizando las siguientes palabras: controlados, cotidiana, prevención, riesgo, entorno, profesional, riesgos.

En el **entorno** de trabajo, pueden existir multitud de elementos que puedan suponer un **riesgo** para la persona que desarrolla una actividad **profesional**. Los **riesgos** pueden ser **controlados** mediante la **prevención**.

3. Relacione las siguientes frases entre sí.

    a. Las herramientas de corte manual...
    b. Las herramientas de corte eléctrica...
    c. Las herramientas de golpeo...

    b. ... presentan principalmente riesgo de proyección ocular.
    a. ... presentan principalmente riesgo de corte accidental.
    c. ... presentan principalmente riesgo de aplastamiento accidental.

4. Indique cuál de las siguientes afirmaciones es correcta.

    a. Solo los trabajadores dedicados a realizar instalaciones eléctricas tienen riesgo de de sufrir contacto eléctrico.
    b. Una de las primeras medidas preventivas es aplicada por los reglamentos técnicos en los que se dispone la manera segura de realizar las instalaciones de los sistemas.

c. Las Instrucciones Técnicas Complementarias no tienen relación alguna con la seguridad.

d. Todas las opciones son incorrectas.

5. ¿Qué riesgos existen en el almacenamiento de la carga?

Principalmente, el riesgo de aplastamiento por caída de objetos de altura.

6. Ordene adecuadamente las siguientes frases.

a. Colocación de calzado de alta resistencia eléctrica.

b. Colocación de guantes aislantes de tensión eléctrica.

c. Comprobar la existencia de tensión eléctrica.

7. Tache la palabra incorrecta.

Durante el montaje de un mástil para una antena de televisión en un edificio, es **obligatoria (recomendable)** la instalación de puesta a tierra. **(A veces) Siempre** será necesario el uso de protección para la cabeza. Para el trabajo en alturas, es **obligatorio (recomendable)** el uso de sistemas anticaídas.

8. Reordene siguiente la frase para que tenga sentido.

Durante el proceso de reparación de un sistema eléctrico, es recomendable la desconexión de la corriente eléctrica previamente.

9. Indique cuál de las siguientes afirmaciones es correcta.

a. Los riesgos en el almacenamiento de la carga dependen solo de si esta carga es peligrosa.

b. Es importante el ahorro energético sobre todo en la iluminación y no está comprometido con la seguridad en el almacenamiento de la carga.

c. **La limpieza puede ser un factor fundamental para evitar riesgos en el almacenamiento de las cargas.**

d. Todas las opciones son incorrectas.

10. **Complete el texto utilizando las siguientes palabras: psíquica, medio, salud, condiciones, actividad, saludables, nocivas.**

Las condiciones del **medio** de trabajo pueden resultar **nocivas** para la **salud** del trabajador, tanto para su salud física como **psíquica**. Esto depende de las **condiciones** del **medio** de trabajo donde se realiza la **actividad** laboral.

11. **Relacione las siguientes frases entre sí.**

    a. La exposición a agentes físicos están relacionada con...
    b. La exposición a agentes químicos están relacionada con...
    c. La exposición a agentes biológicos están relacionada con...

    c. ... bacterias, virus, hongos y parásitos.
    a. ... la temperatura y la humedad.
    b. ... minerales y productos diversos, como amianto, plomo, etc.

12. **¿Atendiendo a qué criterios pueden clasificarse los riesgos principales relacionados con el almacenamiento y el transporte de cargas?**

    ▌ Riesgos debidos a la maquinaria usada para el almacenamiento.
    ▌ Riesgos debidos a los elementos estructurales de almacenamiento.
    ▌ Riesgos debidos a la caída de carga.

13. **La principal vía para la introducción de agentes químicos...**

    a. ... es la cutánea.
    b. ... es la respiratoria.
    c. ... son las vías respiratorias, la dermis, la vía digestiva y la vía parenteral.
    d. Todas las opciones son incorrectas.

14. **Indique al menos dos características de los materiales usados en las instalaciones eléctricas y de telecomunicaciones que previenen la aparición del fuego.**

    ▌ No propagación de la llama.
    ▌ Emisión de humos baja y opacidad reducida.

15. Defina los conceptos de fatiga física y fatiga mental.

La fatiga física viene derivada de la carga de trabajo física. Las causas son debidas a esfuerzos físicos, a posturas continuadas en el puesto de trabajo y a la manipulación manual de cargas. Los efectos adversos de la carga física se materializan en Trastornos Musculoesqueléticos (TME).

La fatiga mental viene derivada de la carga de trabajo intelectual. Las causas son debidas a esfuerzos intelectuales continuados en el puesto de trabajo, debido a que el trabajador recibe demasiada información, esta es demasiado compleja o el tiempo disponible para realizar el desempeño de las labores es insuficiente.

Solucionario Capítulo 3

1. **Indique cuál de las siguientes afirmaciones es correcta.**

   a. No existe una relación de tipos de accidentes de trabajo.
   b. **Existe un listado de riesgos en los lugares de trabajo y, por tanto, una lista de los distintos tipos de accidentes de trabajo.**
   c. Las causas de los accidentes de trabajo no están tipificadas.
   d. Todas las opciones son incorrectas.

2. **Complete el texto utilizando las siguientes palabras: resistivo, no resistivo, usuales, no usuales, eléctrico, directo, indirecto.**

   El contacto **eléctrico directo** e **indirecto** es uno de los tipos de accidentes de trabajo **usuales** en la actividad de instalador electrotécnico y de telecomunicaciones.

3. **Relacione las siguientes frases entre sí.**

   a. Los accidentes por caída de objetos...
   b. Los accidentes por contacto directo...
   c. Los accidentes por contacto indirecto...

   c. ... son debidos a contactos con partes metálicas de equipos.
   b. ... son debidos a contactos con elementos activos de equipos.
   a. ... son debidos a falta de precaución en los trabajos de altura.

4. **Indique cuáles de las siguientes causas son posibles desencadenantes de acciden-tes de trabajo.**

   a. Insatisfacción laboral.
   b. Fatiga física y o mental.
   c. Iluminación y limpieza.
   d. **Todas las opciones son correctas.**

5. ¿Qué tipo de daños puede provocar un accidente eléctrico?

- Electrocución.
- Caídas por consecuencia de electrocución.
- Fuego.

6. Ordene adecuadamente las siguientes frases, según la secuencia de actuación ante un accidente.

b. Avisar a los servicios de emergencia.
a. Proteger al accidentado.
c. Socorrer al accidentado.

7. Tache las palabras incorrectas.

Al socorrer a un accidentado, se debe realizar una evaluación **(primaria)** ~~(primordial)~~. Esta consiste en (reconocer) ~~(reactivar)~~ los signos vitales, que son (conciencia) ~~(pulso)~~, (respiración) (conciencia) y (pulso) ~~(respiración)~~.

8. Reordene la frase siguiente para que tenga sentido.

Una vez protegido y avisado, se puede actuar sobre el accidentado, de manera que se podrá realizar una evaluación primaria y posteriormente una evaluación secundaria.

9. En un accidentado, la presencia de conciencia...

a. ... debe ser realizada con los medios adecuados.
b. ... no implica que exista respiración o pulso.
c. ... indica la presencia de respiración y pulso.
d. Todas las opciones son incorrectas.

10. Complete el texto utilizando las siguientes palabras: no es, consciente, inconsciente, accidentado, es, fatal, traumático.

Si el **accidentado** se encuentra inconsciente, se podrán dar dos situaciones: que respire o que no respire. En el primer caso, **es** recomendable colocarlo en la posición lateral de seguridad si el accidente **no es traumático**

11. En función de la gravedad de las situaciones de emergencia, estas se pueden clasificar en distintos niveles. ¿Cuáles son?

- Conato de emergencia.
- Emergencia parcial.
- Emergencia general.
- Evacuación.

12. Indique alguna de las características de cómo se manifiesta en una persona una descarga eléctrica.

- Pérdida repentina del conocimiento.
- Pulso débil.
- Cuerpo rígido.
- Quemaduras.

13. Busque la palabra incorrecta en el siguiente texto y sustitúyala por la que corresponda.

Cuando se realicen acciones de socorrismo ante situaciones en que la electrocución se produce en una línea de alta tensión, es **imposible posible** prestar los servicios de socorrismo de primeros auxilios al accidentado, ya que puede ser muy peligroso acercarse a cierta distancia de las líneas de alta tensión.

14. Resuelva el siguiente crucigrama.

1. Contingencia.
2. Socorro.
3. Marcha.

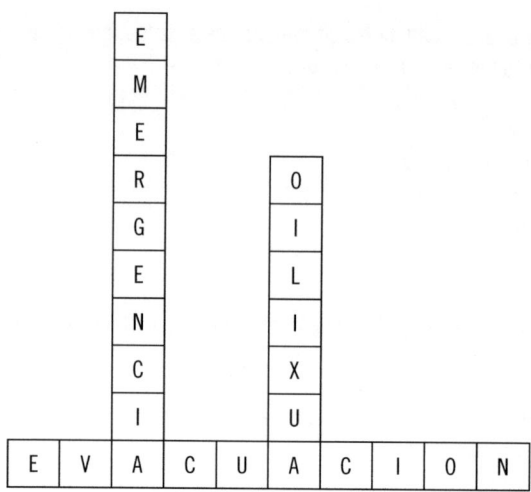

15. Indique qué es y qué función tiene la Ficha individual de actuación.

Es un documento esquemático en el que se indica para cada puesto de trabajo qué acciones realizar en caso de emergencia.

Solucionario Capítulo 4

1. Los fusibles limitan...

    a. ... la intensidad máxima de corriente.
    b. ... la potencia máxima.
    c. ... la intensidad mínima de corriente.
    d. Todas las opciones son incorrectas.

2. Complete el texto utilizando las siguientes palabras: incendios, cobre, plomo, fusibles, magnetotérmicos, aislantes, conductores, reemplazo.

Los primeros **fusibles** eran realizados mediante **conductores** de plomo. Su rotura suponía el **reemplazo** del fusible y podían provocar incluso **incendios**.

3. Relacione las siguientes frases entre sí.

    a. Los fusibles...
    b. Los interruptores magnetotérmicos...
    c. Los fusibles e interruptores magnetotérmicos...

    c. ... son usados en muchos tipos de instalaciones.
    a. ... tienen distinto tipo de respuesta en el tiempo de actuación.
    b. ... actúan contra sobre cargas y contra cortocircuitos.

4. De las siguientes afirmaciones relacionadas con los interruptores magnetotérmicos, diga cuál es verdadera o falsa.

    a. Frente a cortocircuitos, son muy rápidos.

        ☑ **Verdadero**
        ☐ Falso

    b. Frente a sobrecargas, son muy rápidos.

        ☐ Verdadero
        ☑ **Falso**

    c. Frente a sobrecargas, son más lentos.

        ☑ **Verdadero**
        ☐ Falso

5. ¿Qué tipo de elemento actúa frente a sobrecargas y frente a cortocircuitos?, ¿qué fenómeno físico actúa frente a cada uno de estos eventos?

El interruptor magnetotérmico.

En caso de un cortocircuito, el fenómeno físico de desconexión es debido al campo magnético.

En caso de una sobrecarga, el fenómeno de desconexión es debido a un efecto térmico.

6. Ordene adecuadamente las siguientes frases para evitar un accidente de descarga eléctrica por contacto indirecto.

    a. Aislamiento adecuado entre partes activas y masas.
    b. Puesta a tierra de las masas.
    c. Instalación de un elemento de protección diferencial.

7. Tache las palabras incorrectas.

La ~~(puesta)~~ **(conexión)** a tierra de una instalación eléctrica consiste en la perfecta unión ~~(mecánica)~~ **(eléctrica)** entre las partes metálicas de esta y el ~~(terreno)~~ **(neutro)**.

8. Reordene la frase siguiente para que tenga sentido.

Un contacto directo es producido normalmente por manipulación. Un contacto indirecto es producido normalmente por defecto.

9. Indique cuál de las siguientes negaciones es correcta.

    a. No es necesario el uso de protecciones diferenciales para baja tensión.
    b. No es necesario el uso de protecciones diferenciales para corriente continua.

c. No es necesario el uso de protecciones diferenciales para tensiones de seguridad.

d. Todas las opciones son incorrectas.

10. Complete el siguiente texto.

El **interruptor diferencial** es un dispositivo de protección usado en las instalaciones eléctricas. El objetivo de este elemento es la **desconexión** automática de circuitos eléctricos en los que se detectan **corrientes de defecto**, es decir, corrientes de circulación entre las masas metálicas de la instalación y el sistema de puesta a tierra.

11. Enumere las 5 reglas de oro.

1. Abrir con corte visible todas las fuentes de tensión.
2. Prevenir cualquier posible conexión, bloqueando los dispositivos.
3. Verificar la ausencia de tensión.
4. Puesta a tierra y en cortocircuito de las fuentes de tensión.
5. Delimitar y señalizar la zona de trabajo.

12. ¿Cuál es el dispositivo a través del cual se puede verificar el buen funcionamiento del interruptor diferencial? Explique su funcionamiento.

Se incorpora sobre el interruptor diferencial un pulsador de test de funcionamiento. Al pulsar sobre este, se produce la circulación de una corriente de defecto, de valor igual a la de la sensibilidad del interruptor diferencial. Si el dispositivo funciona correctamente, se producirá la desconexión automática inmediata del sistema.

13. Busque la palabra incorrecta en el siguiente texto y sustitúyala por la que corresponda.

Los protectores contra sobretensiones pueden actuar frente a causas transitorias o permanentes. En cualquier caso, se trata de eliminar los excesos de ~~corriente~~ **tensión** que la red eléctrica suministra.

14. Resuelva el siguiente crucigrama.

1. Corriente de defecto (vertical).
2. Atmósferas inflamables (horizontal).
3. Acumulación de carga eléctrica.

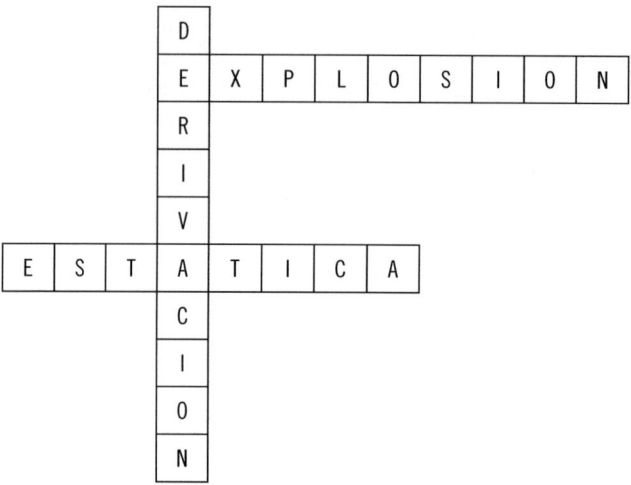

15. ¿Qué métodos se pueden emplear para eliminar el riesgo de descarga eléctrica?

▌ Mantener la humedad relativa del aire por encima del 50 %.
▌ Conectar a tierra las partes metálicas que puedan acumular electricidad estática.
▌ Aplicar productos antiestáticos en las superficies susceptibles de electrizarse.
▌ Emplear ionizadores de aire en las cercanías o junto a la zona donde se produce electricidad estática.
▌ Usar suelos o pavimentos de materiales disipadores (hormigón, cerámica, madera sin recubrimiento aislante, etc.).

Solucionario 4
Caracterización de los elementos y equipos básicos de instalaciones de telecomunicación en edificios

Solucionario Capítulo 1

1. Complete el siguiente texto.

Las instalaciones de **captación** y **distribución** de señales de radiodifusión sonora y televisión son las encargadas de **captar** las señales de televisión y radio provenientes de las **emisoras** correspondientes y **distribuirlas** por todo el edificio para que se puedan reproducir desde las **tomas** habilitadas para ello.

2. Termine las siguientes frases.

    a. La frecuencia de una señal es **el número de veces que se repite en cada segundo.**

    b. El periodo de una señal es **el tiempo que tarda en repetirse cada ciclo de la onda.**

    c. La amplitud de una señal es **el valor físico de la señal.**

3. Identifique en la gráfica los conceptos de amplitud, potencia total, periodo y tiempo y calcule la frecuencia de la señal representada.

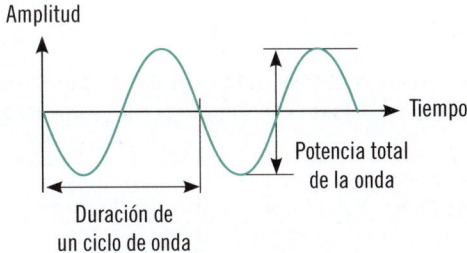

Frecuencia: $1/T = 1/1 = 1$ Hz

4. Calcule de dos formas distintas la frecuencia de las señales con periodo:

$T = 0,08$ s
$T = 1,2$ s

Señal a:

- Modo 1: $f = 1/T = 12,5$ Hz.
- Modo 2: si los ciclos de la onda son cada 0,08 s, en 1 s se producirán: $1/0,08 = 12,5$ ciclos. Por tanto, 12,5 ciclos/s = 12,5 Hz.

Señal b:

- Modo 1: $f= 1/T = 0,83$ Hz.
- Modo 2: si los ciclos de la onda son cada 1,2 s, en 1 s se producirán: $1/1,2 = 0,83$ ciclos. Por tanto, 0,83 ciclos/s = 0,83 Hz.

5. **Indique si las siguientes afirmaciones son verdaderas o falsas.**

a. El bit es la cantidad máxima de información que puede transmitirse en las comunicaciones digitales.

☐ Verdadero
☑ **Falso**

b. Las señales digitales son las convertidas a ceros y unos.

☑ **Verdadero**
☐ Falso

c. Las comunicaciones analógicas pueden ofrecer mayor cantidad de servicios y difundirse por más territorio, ya que pueden ser propagadas por el aire.

☐ Verdadero
☑ **Falso**

d. Las señales de telecomunicaciones se originan en centros transmisores de señales.

☑ **Verdadero**
☐ Falso

6. **Marque con una T las modulaciones o formatos característicos de televisión y con una R los de radio.**

    a. AM. **(R)**
    b. NTSC. **(T)**
    c. FM. **(R)**
    d. PAL. **(T)**

7. **Seleccione la respuesta correcta sobre la televisión y la radio digitales.**

    a. A través de la TDT, se puede recibir televisión digital y radio analógica, ya que se realizan una serie de modificaciones en las señales para adaptarlas a las antenas convencionales.
    b. A través de la TDT, se pueden recibir señales de televisión y radio con la ayuda de antenas parabólicas y decodificadores.
    c. **A través de la TDT, se pueden recibir señales mediante las antenas convencionales, ya que las señales han sido adaptadas para esto.**
    d. La TDT radia las señales digitales desde las emisoras mediante ondas digitales cuadradas.

8. **¿Cuáles son las partes que componen una instalación de radio y televisión?**

    a. Captación, amplificación, distribución y tomas.
    b. Captación, cabecera, distribución y reproducción.
    c. **Captación, cabecera, distribución y tomas.**
    d. Captación, modulación, distribución y tomas.

9. **¿Se pueden mantener varias conversaciones simultáneas con una única línea de teléfono contratada?**

    a. Sí, no habría problema.
    b. No, en ningún caso.
    c. **Sí, si la línea contratada es RDSI.**
    d. Sí, si la línea contratada es analógica.

10. ¿Qué elementos son necesarios para la distribución de señales de telecomunicaciones en los edificios?

Derivadores para distribuir la señal entre todas las plantas y PAU para repartir las señales entre todas las dependencias de la vivienda u oficina que posean tomas de telecomunicaciones, necesitando, por tanto, un derivador para cada planta y un PAU para cada vivienda.

11. Identifique en el dibujo las partes de la instalación correspondientes a captación, cabecera, distribución, tomas, RITI, RITS.

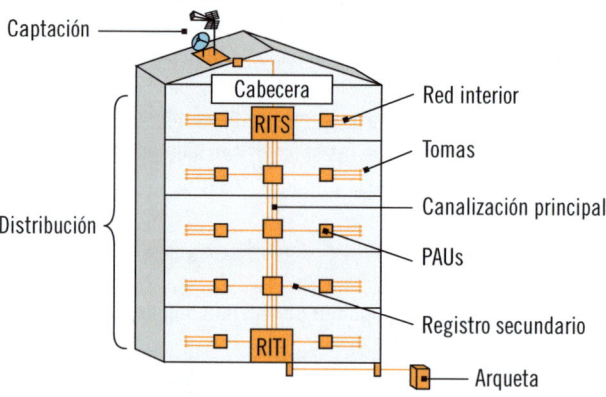

12. ¿Cuáles son las etapas de un sistema de megafonía? Ponga ejemplos en cada una de ellas.

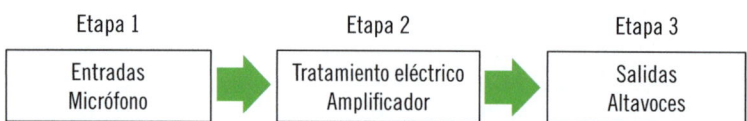

13. Relacione cada característica de las ondas sonoras con una magnitud.

a. Tono.
b. Intensidad.
c. Timbre.
d. Duración.

b. Amplitud.
a. Frecuencia.
d. Tiempo.
c. Emisor.

14. Relacione cada elemento correspondiente a una instalación de control de accesos con su definición.

a. Placa de calle.
b. Amplificador.
c. Alimentador.
d. Teléfonos.
e. Abrepuertas.

c. Proporciona suministro eléctrico al sistema.
a. Donde se sitúa la botonería para realizar llamadas.
d. Elemento interior que permite la comunicación con el exterior.
e. Elemento mecánico que controla el acceso mediante órdenes remotas.
b. Aumenta y condiciona el nivel de las señales de audio generadas.

Solucionario Capítulo 2

1. **Complete el siguiente gráfico con las distintas fases que comprende la distribución de canalización estudiada.**

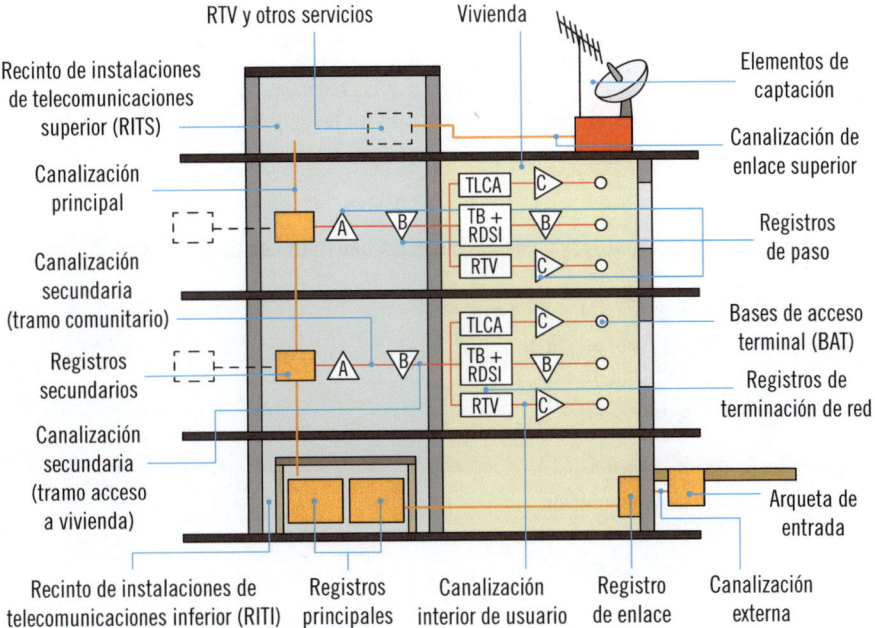

2. **Responda al siguiente bloque de preguntas.**

   a. La frecuencia de una señal es:

      a. La resistencia al paso de corriente.
      b. El tiempo que tarda en propagarse.
      c. **El número de veces que se repite cada segundo.**

   b. El nivel de una señal se puede medir en...

      a. ... voltios.
      b. ... vatios.
      c. **En las dos anteriores.**

c. En una antena analógica...

    a. ... los elementos reflectores hacen que me aumente la señal.
    b. ... los elementos directores concentran la señal en el dipolo.
    c. ... no hay dipolo.

d. El ancho de banda de una antena...

    a. ... no influye a la hora de recibir señales.
    b. ... ayuda a tener señales de más potencia.
    c. ... es el rango de frecuencias en las que la antena es capaz de trabajar.

3. Relacione los diferentes tipos de canalización con la red en donde se distribuyen.

    a. Canalización interior de usuario.
    b. Canalización principal.
    c. Canalización de enlace.
    d. Canalización exterior.

    b. Red de distribución.
    c. Red de alimentación.
    a. Red interior de usuario.
    d. Red de dispersión.

4. Complete el siguiente texto.

Las **canalizaciones** son las encargadas de establecer un **camino** físico para todo el **cableado** referente a **telecomunicaciones**. Además de aislar al **cableado** de posibles **agentes** externos que pudieran deteriorarlo o incluso interferir en las **señales** que transporta, es un modo **estético** de implementar toda la red de **distribución** de la instalación.

5. Indique si las siguientes afirmaciones son verdaderas o falsas.

    a. Las canalizaciones consistentes en canaletas son las más usadas en los edificios, dada su facilidad de implementación.

        ☐ Verdadero
        ☑ **Falso**

b. El tubo rígido PVC es normalmente el usado en entornos industriales.

☑ **Verdadero**
☐ Falso

c. Una de las opciones para el tubo corrugado es disponerlo en superficie.

☐ Verdadero
☑ **Falso**

d. La norma ICT invita a instalar tubo corrugado empotrado siempre que se pueda.

☑ **Verdadero**
☐ Falso

6. **Complete el siguiente gráfico con los distintos tipos de red que pueden existir en una instalación.**

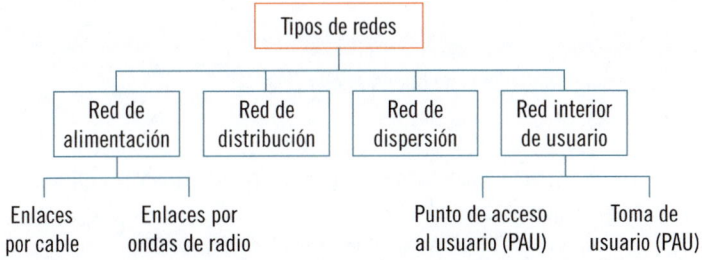

7. **Marque con una R los elementos ubicados en el RITS, con una S los ubicados en registros secundarios y con una T los localizados en el registro terminador de red.**

a. Amplificadores. **(R)**
b. PAU. **(T)**
c. Mezcladores. **(R)**
d. Derivadores. **(S)**
e. Repartidor. **(R)**
f. Filtros. **(R)**

8. **Conteste al siguiente grupo de preguntas.**

    a. La ganancia de una antena...

        a. ... aumenta la potencia de la señal recibida.
        b. ... hace que no interfieran otras señales.
        c. ... disminuye la potencia de la señal recibida.

    b. En una antena UHF...

        a. ... existe un diagrama de radiación que indica por donde es mejor recibir la señal de RTV.
        b. ... el diagrama de radiación solo está disponible para antenas parabólicas.
        c. ... no existe diagrama de radiación.

    c. Señale cuál es un tipo de antena.

        a. Yagi.
        b. Magui.
        c. Guti.

    d. Los amplificadores de banda ancha...

        a. ... son los mejores porque son los que más amplifican.
        b. ... amplifican todo un rango de frecuencias y las interferencias que haya en ellas.
        c. ... son los peores porque tienen menos ganancia.

9. Complete el siguiente gráfico identificando los registros presentes.

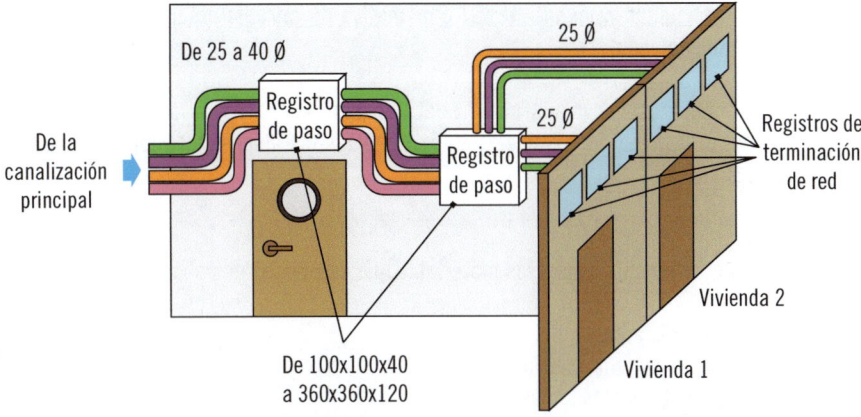

10. Marque con una R las antenas que son de radio, con una U las de UHF y con una S las satelitales:

    a. DAT. **(U)**
    b. FM. **(R)**
    c. Panel. **(U)**
    d. Parabólica. **(S)**
    e. Yagi. **(U)**
    f. Logarítmica. **(U)**

11. Seleccione la respuesta correcta con respecto a la propiedad de la directividad de las antenas.

    a. La antena de radio es direccional, porque de esa forma la radio se recibe mejor.
    b. **La antena de radio es omnidireccional, porque puede recibir señales desde distintos repetidores o emisoras directamente.**
    c. La antena de UHF es omnidireccional, para poder recibir las señales desde cualquier repetidor.
    d. La antena de radio es omnidireccional, de forma que las señales se reciben en una única dirección.

12. Complete el siguiente texto.

Para todas las instalaciones de telecomunicaciones en edificios, existe una **reglamentación**, denominada comúnmente **ICT** o normativa de **Infraestructuras Comunes de Telecomunicaciones.**

Esta normativa está regulada por el **Real Decreto 346/2011** y es el que **dictamina** cómo deben **distribuirse** e implementarse todas las instalaciones de **telecomunicaciones** en edificios.

13. ¿Cuál es el orden que siguen los materiales que componen un cable coaxial?

    a. Vivo, aislante, malla, cubierta.
    b. Malla, aislante, vivo, cubierta.
    c. Cubierta, malla, aislante, vivo.
    d. Aislante, vivo, malla, cubierta.

14. ¿Qué son los registros de toma?

Los registros de toma, también denominados BAT (Base Acceso Terminal), pertenecen ya a la red interior de usuario y son, en realidad, las cajas que albergarán las tomas físicas donde se conectarán los equipos de radio o televisión.

Solucionario Capítulo 3

1. **Indique si las siguientes afirmaciones son verdaderas o falsas.**

   a. Los bornes superiores e inferiores de un regletero están conectados internamente.

      ☑ **Verdadero**
      ☐ Falso

   b. Con 3 puentes en un regletero, se puede multiplicar una línea para obtener 3 extensiones.

      ☑ **Verdadero**
      ☐ Falso

   c. La entrada de línea digital a la instalación telefónica interior de la red de usuario la aporta la interfaz S/T del TR1.

      ☑ **Verdadero**
      ☐ Falso

   d. El TR1 recibe la línea del exterior mediante 2 hilos desde un PAU.

      ☑ **Verdadero**
      ☐ Falso

2. **Describir qué se está realizando en la siguiente imagen y en qué punto de la instalación podría estar sucediendo.**

La operación que se está llevando a cabo es la interconexión de cableado de telefonía en una regleta o regletero mediante la herramienta denominada crimpadora de impacto.

El desempeño de esta tarea podría ocurrir:

- En la red de alimentación, sobre los regleteros de interconexión.
- En la red de distribución, en los regleteros de derivación.
- En la red interior de usuario, en regleteros auxiliares para ampliar las salidas del PAU.

3. **Un *router* es:**

    a. El elemento que proporciona la red telefónica digital (RDSI) a los usuarios.

    b. Un dispositivo necesario para interconectar el cableado de la red de distribución con la red interior de usuario.

    c. El encargado de filtrar los datos que viajan por el cableado telefónico y transferirlos al cableado de datos.

    d. El encargado de filtrar los datos que viajan por cableado UTP hasta el PAU para proporcionar la conexión a Internet a los usuarios que se conecten a él.

4. **Relacione cada entrada o salida del equipo TR1 con su funcionalidad.**

    a. Alimentación 230 V.

    b. Interfaz U.

    c. Interfaces S/T.

    d. Interfaces a1/b1 y a2/b2.

    b. Entrada de línea desde la toma o PAU.

    a. Entrada de energía del equipo.

    d. Salidas analógicas auxiliares para usar en caso de fallo eléctrico.

    c. Salidas para las líneas interiores digitales, donde se conectarían cableados de 4 hilos.

5. **Complete el siguiente texto.**

El cable **multipar,** denominado así porque soporta múltiples pares de **condutores,** es el usado tanto por las **compañías telefónicas** para dar servicio de telefonía a todos los abonados de un edificio (red de **alimentación**) como para realizar la primera **distribución** de señales en el interior de este (red de **distribución**).

6. Coloque en la figura los siguientes puntos estratégicos en la distribución de señales de telefonía.

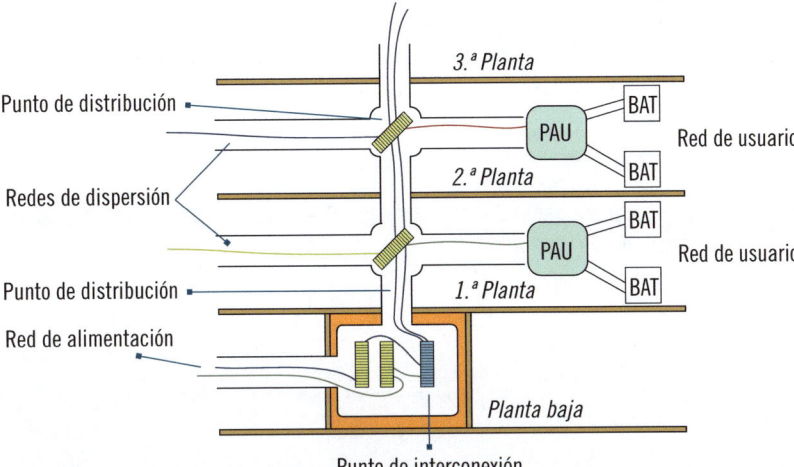

Punto de interconexión

7. Con una línea contratada con la compañía de telecomunicaciones, ¿se pueden obtener 3 tomas telefónicas adicionales en la red interior de usuario?

    a. Sí, todas las que se deseen, pudiendo funcionar de forma simultánea.

    b. Sí, pero más de 3 no se podría.

    c. **Sí, todas las que se deseen, pero no podrán realizar llamadas de forma simultánea.**

    d. No, porque solo se tendría contratada una línea.

8. ¿Qué dispositivos pertenecientes a RTV están relacionados, en función del trabajo que desarrollan, con dispositivos de telefonía y datos? Explique por qué.

    a. **Regletas de interconexión:** antenas, ya que ambas están destinadas a recoger las señales del exterior del edificio e inyectarlas en la red de distribución interior.

    b. **Regletas de derivación:** derivadores, al ser ambos elementos los encargados de distribuir sus correspondientes señales en cada planta.

    c. *Switches:* repartidores. Ambos reciben señales y las multiplican y reparten a todos los dispositivos que tengan conectados.

    d. **Centralitas:** repartidores. Si los *switches* reparten datos, las centralitas reparten llamadas de voz, por lo que también se podrían relacionar como repartidores.

9. ¿Cuáles son los elementos de la red de alimentación?

    a. Regletas, conductores, registros principales, registros de enlace y arquetas.
    b. Regletas, conductores, cajas de conexión, registros de enlace y arquetas.
    c. Regletas de distribución, conductores, cajas de conexión, registros de enlace y arquetas.
    d. Regletas, conductores, registros secundarios, registros de enlace y arquetas.

10. Identifique cada elemento del siguiente gráfico y exponga el motivo de colocación de cada registro de enlace.

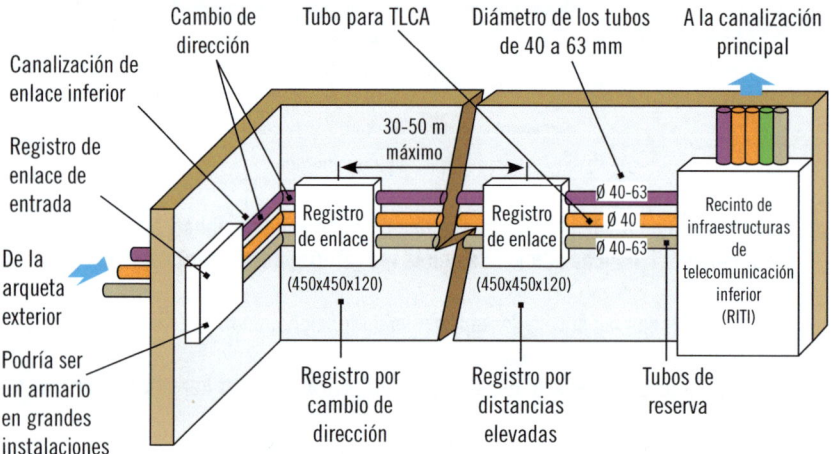

11. ¿Para qué están destinados cada uno de los hilos conductores que forma un cable UTP?

    ▌ Par 1-2: transmisión de señales.
    ▌ Par 3-6: recepción de señales.
    ▌ Par 4-5: telefonía.
    ▌ Par 7-8: envío de señales específicas auxiliares.

12. Complete el siguiente texto.

Al igual que en RTV se disponían registros de **enlace** superior, cuando la **distancia** entre las **antenas** y el RITS era **considerable,** para telefonía se dispondrá el mismo tipo de registros, solo que situados ahora en el enlace **interior** y usados en el caso en el que la distancia entre arqueta y RITI sea **elevada** o se necesite hacer cambios bruscos de **dirección.**

13. Elija la afirmación correcta con respecto a la distribución de señales de telefonía:

    a. Las señales de datos pueden viajar por el mismo cableado telefónico y existe un dispositivo que puede realizar la separación.

    b. Las señales de telefonía únicamente pueden viajar por cableado telefónico en cualquier punto de la red telefónica interior de un edificio.

    c. Las LAN reciben las señales de datos por cableado UTP desde la regleta de interconexión hasta el PAU.

    d. El PAU filtra los datos recibidos mediante cableado telefónico y los inyecta en la red de datos interior de usuario.

14. ¿Qué significan cada una de las siguientes siglas?

    a. PAU. Punto Acceso Usuario.
    b. BAT. Base Acceso Terminal.
    c. RDSI. Red Digital de Servicios Integrados.
    d. RITM. Registro de Infraestructuras de Telecomunicaciones Modular.
    e. TLCA. Telecomunicaciones por Cable.

Solucionario Capítulo 4

1. **Enumere los servicios de telecomunicaciones captados por antenas y distribuidos desde arriba hacia abajo del edificio y los captados por interconexiones subterráneas y distribuidos al contrario.**

 ❙ Captados por antenas y distribución desde arriba:

 ❙ Radio terrestre.
 ❙ Televisión terrestre.
 ❙ Radio satelital.
 ❙ Televisión satelital.

 ❙ Interconexionados subterráneos y distribución desde abajo:

 ❙ Telefonía.
 ❙ Telecomunicaciones por cable.

2. **Analice la figura e indique a qué se corresponde dicho diseño y el cableado utilizado en los tramos 1 y 2 de la distribución del servicio TLCA.**

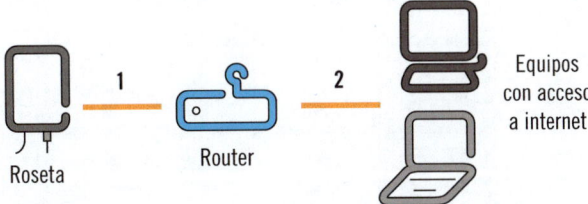

La figura corresponde al diseño de la red interior de usuario, mediante la que un cableado coaxial transporta la señal de datos hasta la roseta, el router filtra los datos, ya que en el cableado pudiera acompañar otro servicio, como televisión, y, finalmente, desde el router se conectan todos los equipos informáticos de la red con cableado específico de datos. Por tanto:

 ❙ Tramo 1: cableado coaxial.
 ❙ Tramo 2: cableado UTP.

3. ¿En qué se diferencian una fibra monomodo y una multimodo?

La fibra multimodo hace referencia a las muchas trayectorias que la luz podría seguir en su interior, es decir, esta fibra podrá ofrecer distintos modos o multimodos de propagación en su interior, debido a los rebotes que la luz puede experimentar.

Sin embargo, en la fibra monomodo se consigue reducir el diámetro del núcleo de la fibra, de manera que no se permitan rebotes, obligando a un único modo de propagación o monomodo.

4. Identifique en el dibujo cada uno de los siguientes elementos referentes a distribución de señales TLCA.

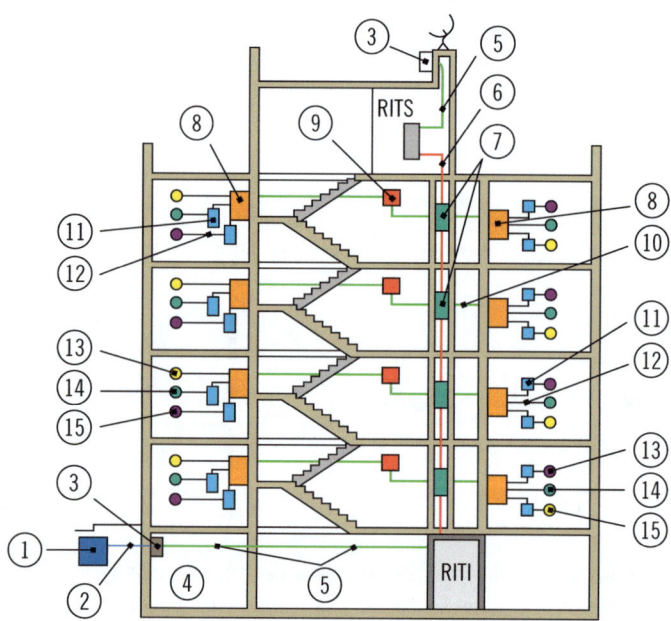

1. Arqueta de entrada
2. Canalización externa
3. Pasamuros
4. Registro de enlace
5. Canalización de enlace
6. Canalización principal
7. Registro secundario
8. RAU (Registro de Acceso de Usuario)

9. Registro de paso secundario
10. Canalización secundaria
11. Registro de paso
12. Canalización interior de usuario
13. Registro terminación de red telefonía
14. Registro terminación de red RTV
15. Registro terminación de red TLCA

5. **Indique si las siguientes afirmaciones son verdaderas o falsas.**

    a. Las instalaciones de TLCA se caracterizan por la distribución exclusiva de datos por todo el edificio.

        ☐ Verdadero
        ☑ **Falso**

    b. Las instalaciones TLCA comparten las mismas zonas de distribución que las instalaciones de telefonía.

        ☑ **Verdadero**
        ☐ Falso

    c. Existe un punto de terminación de red específico para cada servicio en la entrada de cada vivienda u oficina.

        ☑ **Verdadero**
        ☐ Falso

    d. Servicios como televisión y conexiones a internet pueden ser distribuidos por instalaciones de TLCA.

        ☑ **Verdadero**
        ☐ Falso

6. **Complete el siguiente texto.**

Con una canalización basada en disposición de **bandejas,** se distribuye un circuito de **estructuras,** que trazará el camino del cableado de TLCA por toda la red de **alimentación** hasta el **RITI.** Estas **bandejas** quedan normalmente sujetas al techo mediante sus **fijaciones** y **soportes** característicos y son usadas en estos tipos de instalaciones porque normalmente quedan en dependencias **ocultas** para los usuarios.

7. ¿Por qué no se usa más la fibra óptica en instalaciones de TLCA?

    a. Porque su relación calidad-precio aún no la hace competitiva frente al cable UTP en pequeñas instalaciones.

    b. Porque no es capaz de superar la velocidad de transmisión que ofrece el cable coaxial.

    c. Porque es un cableado exclusivo para datos y por TLCA también se ha poder de transmitir televisión.

    d. Porque todavía el cable multipar ofrece mejores resultados.

8. Marque con una V las circunstancias que considere como ventajas de la fibra óptica y con una D las desventajas con respecto a otros sistemas de cableado.

    ▌ Mantenimiento. **(D)**
    ▌ Ligereza y dimensiones. **(V)**
    ▌ Rapidez de despliegue. **(D)**
    ▌ Coste de instalación. **(D)**
    ▌ Velocidad de transmisión de datos. **(V)**
    ▌ Protección ante interferencias. **(V)**
    ▌ Propagación de luz en lugar de impulsos eléctricos. **(V)**
    ▌ Fabricación con materia prima de vidrio. **(V)**
    ▌ Fragilidad. **(D)**
    ▌ Cableado multiservicio. **(V)**

9. ¿Cuáles son los elementos de la red de alimentación de TLCA?

    a. Bandejas, conductores, registros principales, registros de enlace y arquetas.

    b. **Bandejas, conductores, canalización, registros de enlace y arquetas.**

    c. Regletas de distribución, conductores, canalización, registros de enlace y arquetas.

    d. Bandejas, conductores, registros secundarios, registros de enlace y arquetas.

10. Indique si las siguientes afirmaciones son verdaderas o falsas.

    a. La distribución de señales de telefonía y TLCA comparten las mismas zonas de canalización y los mismos tubos.

        ☐ Verdadero
        ☑ **Falso**

b. En las instalaciones de TLCA, existen unos registros principales, donde comienza la canalización en la vertical del edificio.

☑ **Verdadero**
☐ Falso

c. En las instalaciones de TLCA, existen unos registros secundarios que distribuyen la canalización horizontal del edificio.

☑ **Verdadero**
☐ Falso

d. La distribución de señales de telecomunicaciones de un edificio puede comenzar por la cabecera situada en la red de alimentación.

☐ Verdadero
☑ **Falso**

11. Identifique los componentes que forman un cable de fibra óptica.

1. Núcleo
2. Fibras protectoras
3. Cubierta
4. Revestimiento
5. Funda protectora

12. Elija la afirmación correcta respecto a la distribución de señales de TLCA.

a. **Las señales de datos pueden viajar por el mismo cableado de televisión y existe un dispositivo que puede realizar la separación.**
b. Las señales de televisión únicamente pueden viajar por cableado coaxial en cualquier punto de la red de TLCA interior de un edificio.
c. Las LAN de una red de TLCA reciben las señales de datos por cableado UTP desde el derivador hasta el PAU.
d. El PAU filtra los datos recibidos mediante cableado coaxial y los inyecta en la red de datos interior de usuario.

13. Siendo conocidas las similitudes entre la distribución de señales de telefonía y TLCA, ¿qué elemento característico de una y otra instalación las hace diferentes?

Derivadores y regletas. Es decir, la distribución de señales en telefonía se realiza mediante puntos de interconexión y dispersión, basadas en el conexionado de cableado multipar en regleteros, mientras que en TLCA son los derivadores quienes distribuyen señales por cableado coaxial.

14. ¿Cómo puede la fibra óptica transmitir datos si está basada en la transmisión de luz y los equipos informáticos se basan en impulsos electrónicos? Identifique los componentes del siguiente diseño de transmisión basado en fibra óptica para ayudar con la explicación.

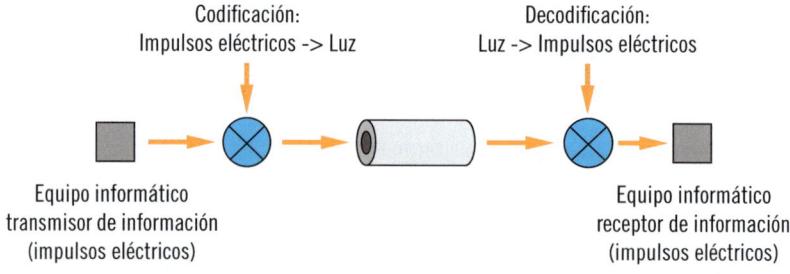

Codificación:
Impulsos eléctricos -> Luz

Decodificación:
Luz -> Impulsos eléctricos

Equipo informático
transmisor de información
(impulsos eléctricos)

Equipo informático
receptor de información
(impulsos eléctricos)

Solucionario Capítulo 5

1. **Identifique el tipo de micrófono según la forma de captación de audio de cada uno.**

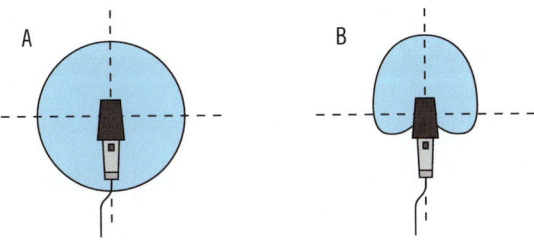

A. Omnidireccional.
B. Direccional.

2. **Indique las medidas necesarias para paliar los efectos de pop y acoplamiento en los micrófonos.**

▪ Para paliar el pop: colocar el micrófono a una distancia mínima de 10 cm del hablante.
▪ Para paliar el acoplamiento: situar los altavoces lo más alejados posible de los micrófonos y procurar siempre que estos sean direccionales.

3. **¿El sonido se atenúa cuando se propaga? ¿Por qué?**

Sí, porque las ondas que lo transportan se van debilitando por el hecho de ir propagándose en la atmósfera. Además, obstáculos y materiales absorbentes también influyen en debilitarlo.

4. **Marque la característica básica necesaria en un sistema de megafonía.**

a. La impedancia del amplificador debe ser menor que la del conjunto de los altavoces.
b. **La impedancia del amplificador tiene que ser exactamente igual que la del conjunto de los altavoces.**

c. La impedancia del amplificador es aconsejable que sea un poco superior a la del conjunto de los altavoces.

d. Ninguna de las respuestas anteriores es correcta.

5. Calcule el índice de absorción de un material en el que incide un sonido con una potencia de 100 mW y se absorbe una cantidad de 50 mW. ¿Sería un buen aislante para la insonorización de un local?

A = 50 mW/100 mW = 0,5.

No sería buen aislante, ya que solo absorbe la mitad del sonido que le llega. Los buenos aislantes tienen índices de absorción próximos a 1.

6. Indique tres modos de conexionado de los altavoces al amplificador.

- Por conexión directa.
- Mediante conector.
- Mediante bornes.

7. Complete el siguiente texto.

El **micrófono** debe ser capaz de captar la **voz** de un hablante que se quiera reproducir y traducirla a impulsos **eléctricos** de la forma más precisa posible, con el objetivo de inyectar **señales** de la mejor calidad, al sistema de megafonía.

8. Indique si las siguientes afirmaciones son verdaderas o falsas.

a. El altavoz podría ser considerado el elemento contrario al micrófono.

☑ **Verdadero**
☐ Falso

b. La impedancia de cualquier altavoz de una instalación debe coincidir con la impedancia del amplificador.

☐ Verdadero
☑ **Falso**

c. Las impedancias de los altavoces en serie se suman directamente para obtener la impedancia total de la tercera etapa.

☑ **Verdadero**
☐ Falso

d. Lo normal en las instalaciones será disponer de conexionado de altavoces en serie.

☐ Verdadero
☑ **Falso**

9. Identifique cada tipo de caja, según sea abierta, hermética o bass-reflex.

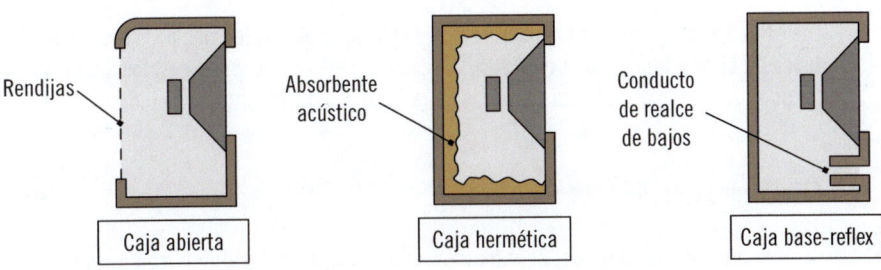

Rendijas

Absorbente acústico

Conducto de realce de bajos

| Caja abierta | Caja hermética | Caja base-reflex |

10. ¿Qué tipo de conector representa cada una de las siguientes imágenes?

| XLR | Jack 3.5 mm Stereo | RCA |

11. Introduzca los signos <,> o = según corresponda.

a. Si $I_{ALTAVOZ} > I_{AMPLIFICADOR}$: potencia máxima no disponible.
b. Si $I_{ALTAVOZ} = I_{AMPLIFICADOR}$: entrega de máxima potencia.
c. Si $I_{ALTAVOZ} < I_{AMPLIFICADOR}$: sistema no funciona.

12. ¿Qué condición debe presentar un objeto para qué provoque difracción en las ondas que lo golpeen en lugar de reflexión?

Dicho objeto no puede ser muy grande para que las ondas, al impactar contra él, puedan rodearlo. Además, debe estar compuesto por materiales absorbentes.

13. Complete el siguiente texto.

Los **ecos** serán producidos en instalaciones realizadas con materiales poco **absorbentes.** Esta circunstancia no es **deseada,** ya que, en el interior de una dependencia, todos los **ecos** que pudiera recibir un oyente los tomaría como **interferencias** del audio original.

14. Seleccione la respuesta correcta.

a. En toda instalación, cuantos más altavoces, la calidad del sonido será mejor, porque se emitirá con más potencia.
b. **En toda instalación, se debe hacer un estudio para delimitar el número de altavoces adecuado.**
c. En toda instalación, cuantos menos altavoces, la calidad del sonido será mejor, porque habrá menos interferencias.
d. En toda instalación, el número de altavoces viene recomendado por el fabricante.

Solucionario Capítulo 6

1. ¿Qué son los terminales de usuario en una instalación de control de accesos?

Son los dispositivos que permiten recibir llamadas internas en el edificio, originadas en las placas de calle, constituyendo por tanto la parte de voz interna en el edificio. Son los denominados telefonillos.

2. Marque con una I los elementos de instalaciones de control de accesos de interco-municación, con una A los de alimentación y con una M los mecánicos.

    a. Fuentes. **(A)**
    b. Placas de calle. **(I)**
    c. Telefonillos. **(I)**
    d. Amplificadores. **(A)**
    e. Abrepuertas. **(M)**

3. Complete el siguiente texto.

La **placa** de **calle** es el elemento donde se incluyen los **pulsadores** que se deben accionar para efectuar las correspondientes **llamadas** a los **telefonillos** de cada **vivienda,** además de contener el **altavoz** y el **micro** necesarios para captar la **voz** del **llamante** y convertirla en señal **eléctrica** o para reproducir el **audio** que procede del **teléfono** respectivamente.

4. ¿Qué misión realiza el amplificador en una instalación de control de accesos?

Proporciona todos los componentes y circuitería electrónica apropiada para poder establecer un volumen de audio adecuado en cualquier sentido que pudiera tener la comunicación, es decir, tanto desde el exterior hasta el interior de las viviendas (placa de calle-telefonillos) como al contrario (telefonillos-placa).

5. **Dibuje un esquema de instalación de un sistema de portero electrónico para un edificio de 2 plantas, con 2 viviendas por planta.**

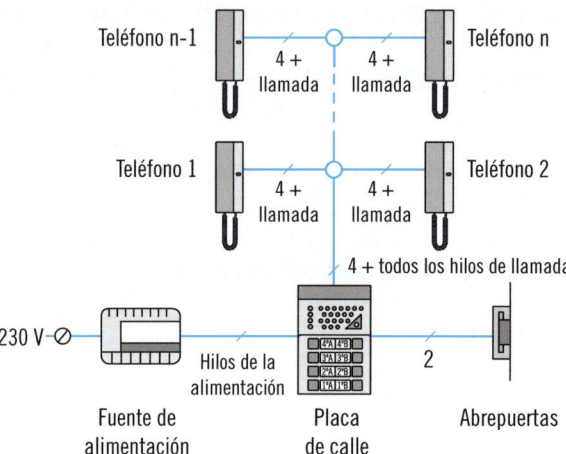

6. **Marque la principal recomendación en el ensamblado de elementos de una instalación de control de accesos.**

    a. La distribución de cableado y conexionado sigue la norma UTP.
    b. **Es cada fabricante quien impone sus esquemas de ensamblado.**
    c. Toda instalación ha de tener 4 hilos como mínimo.
    d. La sección de cableado de alimentación ha de ser inferior a la del cableado de comunicaciones.

7. **Marque con una E los elementos localizados en la zona de entrada, con una D los distribuidos por el edificio y con una V los localizados en las viviendas de los usuarios.**

    a. Alimentador. **(E)**
    b. Telefonillo. **(V)**
    c. Derivadores. **(D)**
    d. Placa de calle. **(E)**
    e. Monitor. **(V)**
    f. Amplificador. **(E)**
    g. Cable. **(D)**
    h. Abrepuertas. **(E)**
    i. Cámara. **(E)**

8. **Indique los tres elementos de la instalación de videoportero directamente relacionados con el trabajo sobre la señal de vídeo.**

   ▌ Cámara.
   ▌ Derivadores.
   ▌ Monitor.

9. **Complete el siguiente texto.**

   Al igual que ocurría en las instalaciones de **RTV** cuando la señal de **vídeo** se necesita **distribuir** por toda una **planta** para dar cobertura a todas las **viviendas,** interviene un elemento denominado **derivador.** Por lo tanto, se necesitará **un** elemento de este tipo por cada planta del edificio.

10. **Indique si las siguientes afirmaciones son verdaderas o falsas.**

    a. Un sistema de videoportero en el que solo exista un terminal telefónico no necesita derivador.

       ☑ **Verdadero**
       ☐ Falso

    b. La norma impone el uso de tubo flexible como modo principal de canalización.

       ☐ Verdadero
       ☑ **Falso**

    c. El carril DIN es un sistema estándar de fijado de elementos principalmente electrónicos.

       ☑ **Verdadero**
       ☐ Falso

    d. Siempre que las condiciones lo permitan, se podría aprovechar canalización preparada para otras instalaciones.

       ☐ Verdadero
       ☑ **Falso**

11. Identifique qué se está intentando hacer en la siguiente figura.

Se están marcando el hueco y la entrada de tubo necesarios para empotrar una caja de placa de calle y el tubo flexible corrugado que conducirá el cableado.

12. Enumere todos los elementos que se fijan sobre caja y no sobre superficie.

1. Placas de calle.
2. Fuentes de alimentación.
3. Amplificadores.
4. Abrepuertas.

13. Seleccione la respuesta correcta.

a. En instalaciones con muchas viviendas, se dispondrán tantos pulsadores como viviendas existan.

b. En instalaciones con muchas viviendas, se instalarán distintas placas, cada una dando cobertura a un grupo de ellas.

c. En instalaciones con muchas viviendas, se suelen instalar placas con marcación por código.

d. En instalaciones con muchas viviendas, no se usan placas de calle con pulsadores, sino otros sistemas.

14. Dibuje un esquema de instalación de un sistema de videoportero para un edificio de 2 plantas y 2 viviendas por planta.

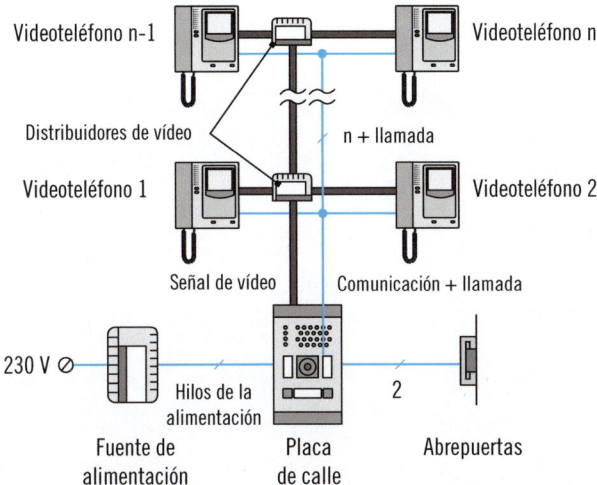

Solucionario 5

Montaje de elementos y equipos en instalaciones de telecomunicaciones en edificios

 Solucionario Capítulo 1

1. **De las siguientes afirmaciones, diga cuál es verdadera o falsa.**

   a. Los tubos corrugados se usan en instalaciones en que se permita empotrar.

      ☑ **Verdadero**
      ☐ Falso

   b. Los tubos rígidos se usan en instalaciones en que se permita empotrar.

      ☐ Verdadero
      ☑ **Falso**

   c. Las canaletas son canalizaciones de superficie y se usan normalmente en oficinas.

      ☑ **Verdadero**
      ☐ Falso

2. **Complete el siguiente texto.**

   El tubo **rígido** es la opción de **superficie** para las instalaciones en las que no se permita **empotrar** y la **visibilidad** de la canalización no presente un problema, siendo los entornos **industriales** los más apropiados para esta canalización.

3. **En una instalación de oficinas, necesitan que no se vea la canalización de la instalación de la red de datos. ¿Qué se debe hacer?**

   a. Empotrar canaletas, ya que su fijación es la más eficaz.
   b. Hacer regolas para empotrar tubo de PVC.
   c. **Hacer regolas para empotrar tubo corrugado.**
   d. Grapar cable y esconderlo tras marcos de ventanas y puertas.

4. Enumere los 5 tipos de elementos auxiliares usados en canalizaciones eléctricas.

- Fijaciones.
- Elementos de unión.
- Regletas de conexiones.
- Cajas de conexiones.
- Cajas de mecanismos.

5. Relacione cada canalización con el tipo de instalación en donde se aconseja su implementación.

a. Tubo corrugado.
b. Tubos rígidos.
c. Canaletas.
d. Bandejas y soportes.

d. Entornos industriales. Grandes instalaciones.
a. Instalaciones empotradas y de nueva construcción.
c. Instalaciones en superficie para oficinas y medianas empresas.
b. Instalaciones en superficie. Entornos industriales.

6. Describa qué está sucediendo en la imagen.

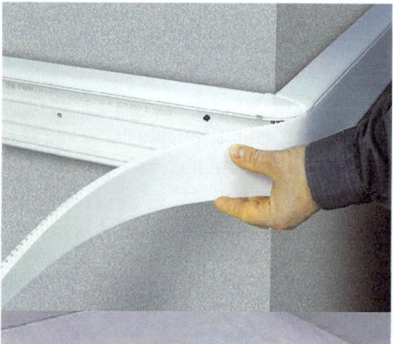

La imagen muestra una instalación de canaletas en superficie. Tras la fijación de la misma y la unión de los tramos mediante elementos auxiliares consistente en curvas, el técnico se encuentra acoplando la correspondiente tapa de la canalización.

7. Enumere y describa todas las diferencias existentes entre suelo y techo técnico.

Suelo y techo técnico no aportan más diferencias que la de la ubicación. Es decir, uno lo forma el propio techo del local y otro el suelo. Ambos están destinados al mismo fin, es decir, al de disponer de un hueco de unos 30 mm, para que discurra todo el cableado y la canalización necesarios en una dependencia, sin necesidad de tener que realizar trabajos de albañilería ni fijaciones en superficie para desplegar la infraestructura.

8. Complete el siguiente texto.

En todos los tipos de canalizaciones **rígidas,** se van a mantener los mismos tipos de **accesorios** y elementos de **unión,** ya que todos están destinados a acondicionar la canalización a las **dificultades** que presente la dependencia en donde se están acometiendo los trabajos. Por tanto, serán elementos destinados a **unir** tramos de canalización en **curva,** tramos de canalización **rectos** y a proporcionar los **caminos** necesarios en caso de que la instalación presente **bifurcaciones.**

9. Elija la afirmación correcta.

    a. Es aconsejable disponer de tubos rígidos de menor diámetro que el necesario para estar prevenido para futuras ampliaciones.

    b. La única canalización sobre la que se aconseja distribuirla de forma sobredimensionada es la canaleta sobre techo, por su dificultad de montaje.

    c. Es aconsejable distribuir cualquier tipo de canalización de forma sobredimensionada, para estar prevenido para futuras ampliaciones.

    d. La canalización sobredimensionada no es aconsejable, ya que ocupará más espacio en la instalación.

10. Haga un listado de todas las herramientas de que se debe disponer a priori, antes de comenzar los trabajos de canalización.

- Taladro.
- Destornillador.
- Alicates.
- Llave fija.
- Martillo de carpintero.
- Mazo de goma.
- Sierra.

11. De las siguientes afirmaciones, diga cuál es verdadera o falsa.

a. Las regletas favorecen el conexionado de cableado en caso de que la instalación implique bifurcaciones a distintos ramales.

☑ **Verdadero**
☐ Falso

b. Las cajas de conexionado favorecen el conexionado de cableado en caso de que la instalación implique bifurcaciones a distintos ramales.

☐ Verdadero
☑ **Falso**

c. Las cajas de mecanismos albergan elementos de mando y control de la instalación.

☑ **Verdadero**
☐ Falso

d. Existen canalizaciones que se pueden acoplar entre ellas sin necesidad de elementos de unión.

☑ **Verdadero**
☐ Falso

12. ¿Cuántos metros de tubo flexible corrugado serían necesarios en caso de tener que implementar una infraestructura de canalización a lo largo de 330 m?

10 % del total: 330 x 1,1 = 366 m.

13. Relacione cada característica de la hoja de catálogo de un sistema de canalización con lo que indica cada una.

      a. Número de referencia.
      b. Material de fabricación.
      c. Sección.
      d. Diámetro exterior.
      e. Dimensión.

      d. Espacio que ocupará el tubo desplegado en la instalación.
      e. Lote de metros de canalización que vende el fabricante.
      c. Diámetro interior del tubo.
      a. Identificación del producto.
      b. Aislante con el que se ha formado la canalización.

14. Analice esta afirmación que le plantea un compañero de trabajo a la hora de ejecutar un sistema de canalización, ¿es correcto este planteamiento?

"Se podrían aprovechar las 3 divisiones de la que consta la canaleta que se va a acometer en una instalación para canalizar el cableado de todos los sistemas que se desplegarán en un edificio. Concretamente, una instalación de telefonía, otra de datos y otra de alimentación eléctrica."

Aunque la canaleta esté destinada a albergar cableado de origen eléctrico, nunca se debe combinar bajo una misma canalización (aun existiendo divisiones interiores para que quedaran separadas) cableado de alimentación eléctrica (230 V) con el cableado propio de cualquier instalación de telecomunicaciones, ya que la de alimentación producirá interferencias graves en las otras.

Por tanto, el planteamiento es erróneo. La instalación eléctrica deberá ser canalizada en un sistema independiente.

Solucionario Capítulo 2

1. **Relacione las siguientes herramientas con su función.**

   a. Guía.
   b. Martillo de carpintero.
   c. Martillo de goma.
   d. Destornillador.
   e. Crimpadora.

   a. Tirada de cableado canaleta.
   d. Tirada de cableado en tubos.
   c. Conexionado de cableado.
   b. Tirada de cableado con grapas.
   e. Conexionado de cableado.

2. **¿Qué tipo de cable se podría usar para una instalación de red de datos para dar servicio a una oficina de 10 puestos de trabajo si se necesita máxima velocidad en las transmisiones? ¿Por qué?**

   Cable UTP, ya que es el mejor cable en relación calidad-precio y el más fácil de instalar. Además, ya existen modelos que ofrecen altas velocidades, no compensando por tanto instalaciones de otros cableados más rápidos y costosos, como la fibra óptica.

3. **Se etiqueta un cable conectado al ordenador de un trabajador de una oficina como 'PC ANTONIO'. ¿Es correcto ese etiquetado? ¿Por qué?**

   No, porque no es recomendable la utilización de un sistema de etiquetado con relación a un momento o persona concreta. Si ese PC cambia el lugar de ubicación en el edificio o lo usa otra persona, habría que cambiar también el etiquetado. Se debe etiquetar cada extremo del cable haciendo referencia al camino que está siguiendo, indicando de la roseta que sale y en la que termina.

4. Identifique los componentes que forman un cable de fibra óptica.

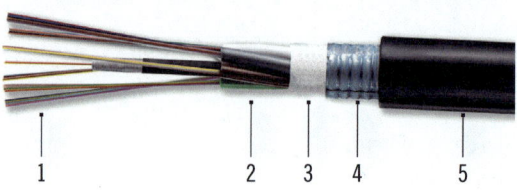

1. Núcleo.
2. Fibras protectoras.
3. Cubierta.
4. Revestimiento.
5. Funda protectora.

5. ¿Qué tipo de cable se podría usar para una instalación de voz para dar servicio a un edificio entero de 25 viviendas? ¿Por qué?

Cable multipar, debido a que en un solo cable se podría incluir hasta 50 pares de hilos y, usando 2 para cada vivienda, soportaría las 25 instalaciones a realizar.

6. ¿Para qué están destinados cada uno de los hilos conductores que forma un cable UTP?

▌ Par 1-2: transmisión de señales.
▌ Par 3-6: recepción de señales.
▌ Par 4-5: telefonía.
▌ Par 7-8: envío de señales específicas auxiliares.

7. ¿En qué se diferencian una fibra monomodo y una multimodo?

La fibra multimodo hace referencia a las muchas trayectorias que la luz podría seguir en su interior, es decir, esta fibra podrá ofrecer distintos modos o multimodos de propagación en su interior, debido a los rebotes que la luz puede experimentar.

Sin embargo, en la fibra monomodo se consigue reducir el diámetro del núcleo de la fibra, de manera que no se permitan rebotes, obligando a un único modo de propagación o monomodo.

8. **¿Por qué no se usa más la fibra óptica en instalaciones de telecomunicaciones?**

   a. **Porque su relación calidad-precio aún no la hace competitiva frente al cable UTP en pequeñas instalaciones.**
   b. Porque no es capaz de superar la velocidad de transmisión que ofrece el cable coaxial.
   c. Porque es un cableado exclusivo para multiservicios.
   d. Porque todavía el cable multipar ofrece mejores resultados.

9. **¿Cómo puede la fibra óptica transmitir datos si está basada en la transmisión de luz y los equipos informáticos se basan en impulsos electrónicos?**

   Dicha comunicación entre fibra óptica y equipos informáticos es posible, ya que al principio y al final de cada tramo de fibra óptica se necesitarán unos dispositivos que traduzcan los impulsos eléctricos en luz y viceversa.

10. **Complete el siguiente gráfico con los distintos elementos que componen el cable coaxial.**

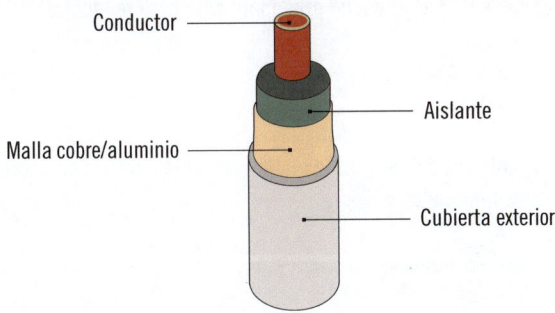

Conductor

Aislante

Malla cobre/aluminio

Cubierta exterior

11. **Complete el siguiente texto.**

   El cable **UTP** no dispone de hilos en **paralelo.** El cable de pares **trenzados** rompe con esta filosofía, ya que está compuesto por **8** hilos **trenzados** 2 a 2. Cada hilo lo protege una **funda** y el conjunto queda recubierto por una **manguera** aislante.

   Es el cable usado en redes de **datos,** pero también extensamente empleado en redes de **telefonía** digital.

Es el cable de las redes de **datos** por excelencia. Tal es su difusión que las propias redes se pueden encontrar denominadas como redes **UTP.**

12. ¿Para qué sirve esta herramienta? ¿Cómo se denomina?

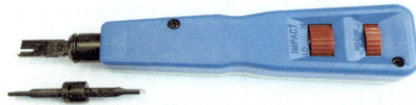

Esta herramienta se denomina crimpadora y se usa en la conexión del cableado en determinados modelos de tomas hembra, principalmente en las de redes de datos. Algunos modelos de tomas poseen unos mecanismos con unas vías por las que se introduce el cable de datos con la ayuda de este dispositivo.

13. De las siguientes afirmaciones, diga cuál es verdadera o falsa.

a. El cable UTP es el usado principalmente para telefonía.

☐ Verdadero
☑ **Falso**

b. El cable coaxial fue usado originariamente para el transporte de datos en redes informáticas.

☑ **Verdadero**
☐ Falso

c. La fibra óptica está compuesta por conjuntos de 25 o 50 pares.

☐ Verdadero
☑ **Falso**

d. Los cables de pares paralelos no disponen de ninguna norma ni código
de colores.

☑ **Verdadero**
☐ Falso

14. **Marque con una C las instalaciones que usarían cableado coaxial, con una P si se
empleará cable de pares y con una F las que usarían fibra óptica.**

a. Instalaciones de televisión. **(C)**
b. Instalaciones de datos. **(P)**
c. Instalaciones de vídeo. **(C)**
d. Instalaciones multiservicio. **(F)**
e. Instalaciones de telefonía. **(P)**

Solucionario Capítulo 3

1. **Relacione cada tipo de fijación con el tipo de canalización en donde se emplea.**

    a. Estructuras y soportes.
    b. Abrazadera.
    c. Collares.
    d. Grapas.
    e. Fijaciones químicas.
    f. Tornillería.

    b. Como fijación a techo de tubo rígido.
    a. Como fijación de canaletas.
    d. Como fijación de tubo corrugado.
    c. Dispuestas en sótanos de grandes superficies.
    f. Como fijación de cable paralelo bifilar sin canalizar.
    e. Como fijación de regletas.

2. **De las siguientes afirmaciones, diga cuál es verdadera o falsa.**

    a. El cableado se puede depositar directamente en fijaciones compuestas por estructuras y soportes.

        ☑ **Verdadero**
        ☐ Falso

    b. Lo normal es que una abrazadera necesite de tornillería para completar su función.

        ☑ **Verdadero**
        ☐ Falso

    c. La tornillería para canaletas se ancla a la pared perforándolas.

        ☑ **Verdadero**
        ☐ Falso

d. Las sustancias químicas pueden servir de apoyo para la fijación de collares.

☐ Verdadero
☑ **Falso**

3. Describa qué se está representando en la siguiente imagen.

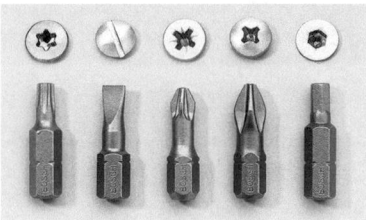

Corresponde a las distintas cabezas que puede presentar la tornillería, necesitando para cada caso el destornillador correspondiente.

4. En cuanto a las fijaciones para collares...

a. ... basan su funcionamiento en la apertura que presentan para anclar al tubo rígido.
b. ... basan su funcionamiento en la parte donde son fijadas mediante tornillería a las superficies.
c. **... tanto el anclaje del tubo como la fijación a superficie son básicos y, si faltase alguno, la fijación no haría efecto.**
d. ... basan su funcionamiento en las regletas trasversales que se fijan mediante tornillería directamente a techo, proporcionándoles las máximas garantías de fijación.

5. Complete el siguiente texto.

Un aspecto fundamental en el **trazado** de la canalización es la forma en la que esta queda **sujetada** en la superficie por la que se despliega. Una correcta **fijación** se traducirá en una instalación **duradera,** pero, para ello, se requerirán las **fijaciones** correspondientes, según el **tipo** de **canalización** desplegada.

6. ¿Con qué tipos de fijaciones se ha de tener una consideración especial con respecto a la propagación de fenómenos como fuego o electricidad?

Con las fijaciones consistentes en sustancias químicas y con las estructuras de bandejas y soportes.

Las primeras, por su origen químico, pudieran presentar efectos propagadores de llama, favoreciendo la propagación de fuego en caso de incendio.

Las segundas, dado su componente metálica, puede ser conductoras de la electricidad si no se siguen los procedimientos adecuados de puesta a tierra.

7. ¿Qué similitudes y diferencias existen entre abrazaderas y bridas?

Ambas están destinadas a la sujeción de tubo corrugado. No obstante, las abrazaderas están reguladas por tornillería y su desmontado pasaría simplemente por desatornillar el tornillo que las aprieta. Sin embargo, las bridas no disponen de ningún elemento de regulación y quitarlas de una canalización implica romperlas.

8. Indique las características que se indican en los siguientes iconos encontrados en sustancias fijadoras de origen químico.

Fácilmente inflamable: una llama (F)

Corrosivo: un ácido en acción (C)

Tóxico: la figura de una calavera sobre tibias cruzadas (T)

Irritante: una cruz de San Andrés (Xi)

9. Describa un guion básico de los procedimientos a realizar para la correcta fijación de los elementos estudiados según el tipo de canalización.

Fijaciones de estructuras y soportes:

- Fijaciones directas a techo.
- Fijaciones mediante regletas trasversales.

Fijaciones de tornillería para canaleta:

Agujero a superficie y a canaleta ⟶ taco ⟶ atornillado.

Fijaciones de collares:

Agujero ⟶ taco ⟶ atornillado del collar ⟶ acople del tubo.

Fijaciones químicas:

Limpieza de superficie -> líneas de sustancia fijadora.

10. Complete el siguiente texto.

Los **collares** son las fijaciones que usa el tubo rígido de PVC para poder quedar **suspendido,** principalmente, del techo o **pared,** pero, no obstante, siendo utilizadas en cualquier **superficie** en la que se despliegue tubo **rígido,** ya que es la forma más limpia y profesional de fijarlo y ordenarlo. Esta fijación va sujeta a techo mediante **tornillería.** Cada collar, dispone de un **agujero** por donde se incrusta el **tornillo** que hará **rosca** con el **taco** previamente dispuesto en la superficie.

11. La opción de fijación que se considera como última opción, ya que posee las peores condiciones, es:

a. Bandejas y soportes.
b. Collares y abrazaderas.
c. Fijaciones químicas.
d. Tornillería.

12. De las siguientes afirmaciones, diga cuál es verdadera o falsa.

  a. La técnica de montaje de tornillería para canaletas se basa en anclar 2 tornillos por cada metro de canalización.

  ☑ **Verdadero**
  ☐ Falso

  b. Existe tornillería de 6 mm, 8 mm, 10 mm, etc.

  ☑ **Verdadero**
  ☐ Falso

  c. En determinadas ocasiones, la tornillería para collares no necesita taco.

  ☐ Verdadero
  ☑ **Falso**

  d. Es aconsejable apoyarse en la herramienta nivel para plantear la distribución de la canalización.

  ☑ **Verdadero**
  ☐ Falso

13. ¿Podrían usarse conjuntamente las fijaciones de estructuras y soportes, de tornillería y bridas, en una misma canalización?

Sí, ya que con las estructuras y soportes se distribuye un circuito de estructuras, que trazará el camino por donde va a discurrir la canalización, la tornillería es el sistema de fijación más usado por los sistemas de canalización, ya que es el soporte principal para fijar a la pared o techo, y las bridas se emplearán para la agrupación de conjuntos de conductores en general.

14. Exponga 3 características que conozca sobre las fijaciones de bandejas y soportes.

- Presentan un buen comportamiento ante la corrosión y a la intemperie.
- Están preparadas para trabajar en condiciones de carga máxima.
- Ofrecen un diseño que ofrece la posibilidad de sujetar tanto a canalizaciones como directamente a los conductores.

Solucionario Capítulo 4

1. **Marque con una E las características de las canalizaciones empotradas, con una S las de superficie y con una G las grapadas.**

   a. Suelen utilizarse en ampliaciones de antiguas instalaciones o en instalaciones nuevas en las que no se quiere hacer obra. **(S)**
   b. Toda la canalización queda oculta. **(E)**
   c. No dispone de canalización, el cable se fija directamente a pared con grapillones. **(G)**
   d. Son las comunes en viviendas domésticas y edificios. **(E)**
   e. Conducciones, cajas y mecanismos se fijan sobre la superficie de paredes y techos, quedando vistos. **(S)**
   f. Usado en entornos de tirada de cable corta. **(G)**

2. **Identifique un aspecto positivo y otro negativo de esta imagen.**

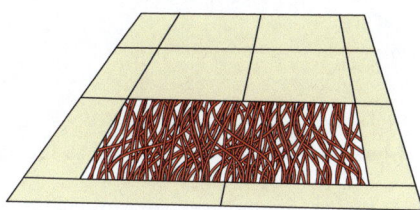

   Como aspecto positivo, cabría destacar el correcto uso del suelo técnico para distribución de cableado (este no discurre visto por la superficie). No obstante, no se ha seguido ningún criterio ni agrupación de cables mediante bridas o abrazaderas.

3. **Complete el siguiente texto.**

   Para el tendido de **cableado** a través canalización formada principalmente por **tubos,** se necesita de una herramienta auxiliar, denominada **guía.** Su propio nombre hace referencia al trabajo que desarrollará en los sistemas de canalización, es decir, **guiará** y **pasará** el **cable** por toda la canalización desplegada.

4. De las siguientes afirmaciones, diga cuál es verdadera o falsa.

a. La guía se usa en todo tipo de canalizaciones.

☐ Verdadero
☑ **Falso**

b. Existen distintos modelos de guía, con diferentes calidades.

☑ **Verdadero**
☐ Falso

c. El tendido de conductores con canaletas finaliza con el anclaje de la tapa de estas.

☑ **Verdadero**
☐ Falso

d. La canalización mediante grapas deja el cableado visible.

☑ **Verdadero**
☐ Falso

5. ¿En qué consiste la canalización empotrada? ¿Dónde se recomienda su uso?

Consiste sencillamente en tubos corrugados incrustados en la pared, por los que posteriormente se circularán los cables de la instalación correspondiente.

La canalización quedaría totalmente oculta, dando una buena sensación de limpieza y profesionalidad, en el local objeto de la instalación.

La propia normativa ICT aconseja desplegarla como primera opción en todo tipo de dependencias siempre que las circunstancias lo permitan.

6. ¿Cómo se denominan los huecos generados para la ubicación de tubos corrugados?

a. Regolas
b. Reolas
c. Révolas
d. Degolas

7. **Indique para cada concepto el tipo de canalización en donde se aplica o se usa.**

    a. Martillo de goma
       Canaletas.

    b. Guía
       Tubos.

    c. Bifurcaciones
       Canaletas, tubos rígidos y bandejas.

    d. Grapa
       Cableado en superficie.

    e. Codos
       Canaletas, tubos rígidos y bandejas.

    f. Curvas
       Canaletas, tubos rígidos y bandejas.

8. **¿A qué corresponde esta imagen? ¿Son estos elementos fundamentales en el funcionamiento de un sistema?**

Son correas usadas en el etiquetado de conductores.

Sin ellas, el sistema que se instale funcionaría igualmente. No obstante, sin el marcado de cada cableado en una instalación, el mantenimiento y la gestión de averías serían impracticables.

9. **¿Qué es el cableado estructurado?**

El cableado estructurado es el tendido de cables de uno o varios sistemas a través de una dependencia, en la que se comparten canalizaciones y recorridos en la distribución del mismo.

10. Complete el siguiente texto.

En la canalización de cableado a través de **canaletas,** estas, una vez **fijadas,** quedan firmemente ancladas a la **pared,** por lo que la única misión para la distribución del cable será ir **metiéndolo** en la **canaleta** por la **apertura** que presenta a lo largo de todo su recorrido.

11. ¿Qué representa esta imagen? ¿Es necesario realizar esta actividad para que el sistema a instalar funcione?

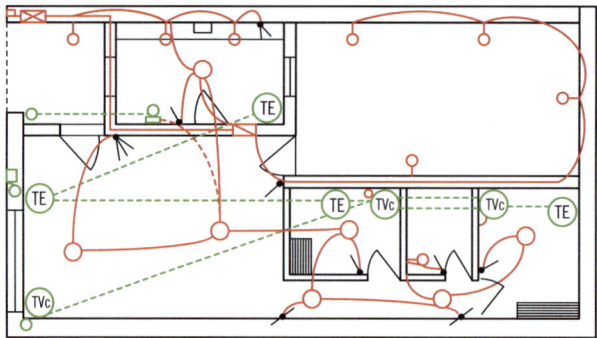

En esta imagen, se representa un croquis a mano alzada de la distribución que seguirá la canalización de una instalación.

Esta tarea no es imprescindible para el funcionamiento final del sistema a instalar, pero sí es un ejercicio interesante de organización y diseño profesional de la instalación, que pudiera evitar muchos problemas a posteriori.

12. De las siguientes afirmaciones, diga cuál es verdadera o falsa.

a. Unos elementos fundamentales de las canalizaciones de tubo flexible son los accesorios complementarios de curvas y bifurcaciones.

☐ Verdadero
☑ **Falso**

b. Giros y curvas en canaletas se pueden manipular manualmente.

☑ **Verdadero**
☐ Falso

c. Los tubos rígidos se apoyan en curvas para la realización de giros en los
recorridos que marque la distribución de la canalización.

☑ **Verdadero**
☐ Falso

d. Para la distribución de cableado mediante grapas, se necesitan elementos
como bifurcaciones.

☐ Verdadero
☑ **Falso**

13. ¿Cuántas opciones de distribución de canalización ofrece el despliegue por el techo?

El despliegue de canalización por el techo ofrece dos posibilidades: tanto el despliegue
de canalización en superficie (en este orden: tubo rígido, canaletas, estructura de bandejas y soportes) como la opción de techo técnico.

14. ¿Es obligatorio el identificado de los tubos en un sistema de canalización?

a. **Sí, la norma ICT lo impone.**
b. No, pero es aconsejable.
c. Sí y vital para el funcionamiento de los sistemas.
d. No, ya que con identificar los conductores es suficiente.

 Solucionario Capítulo 5

1. **Describa los distintos bloques en los que se distribuye la información de un equipo de telecomunicaciones dentro de la documentación que le acompaña.**

> ▌ Bloque de introducción: bloque inicial donde se exponen una serie de recomendaciones generales sobre seguridad, instalación y fijación.
>
> ▌ Bloque de descripción: donde se hace una descripción general del sistema.
>
> ▌ Bloque de instalación: donde se exponen de forma detallada los pasos necesarios para una correcta instalación efectiva del equipo.
>
> ▌ Bloque de soluciones: bloque dedicado a dar solución a problemas típicos de configuración.

2. **Exponga 5 circunstancias que conllevarían a contactar con el servicio técnico del equipo.**

> ▌ Encontrar dañados el cable de alimentación o conectores.
>
> ▌ Que algún tipo de líquido se hubiera derramado en el producto.
>
> ▌ Que el equipo no funcionase correctamente tras el seguimiento preciso de las instrucciones.
>
> ▌ Si se notase una bajada de rendimiento en el equipo.
>
> ▌ Tras la caída del mismo y que la carcasa de protección hubiese sufrido daños.

3. **Complete el siguiente texto.**

La técnica de preparación de hueco y **mecanizado** de la caja pasará por elegir la **ubicación** exacta de la misma. El propio equipamiento de telecomunicaciones, en su **documentación**, indicará una serie de zonas apropiadas de **ubicación.**

Una vez elegida la **localización** exacta, se deberá marcar el **contorno** de la caja sobre la pared en donde se pretenda **empotrar.**

4. ¿Qué se está representando en la imagen?

Se están haciendo los orificios y regolas correspondientes para empotrar una caja de telecomunicaciones que, posteriormente, albergará el equipamiento correspondiente. También se está preparando una regola para ubicar el posible tubo que desembocará en la caja.

5. ¿Qué opción de fijación será la inicialmente recomendada en una instalación?

    a. La fijación en superficie.
    b. La fijación empotrada.
    c. La ubicación en *rack*.
    d. La fijación en superficie con la ayuda de un soporte mecánico.

6. De las siguientes afirmaciones, diga cuál es verdadera o falsa.

    a. En la fijación de un equipamiento de telecomunicaciones en *rack*, se emplea tornillería.

        ☑ **Verdadero**
        ☐ Falso

    b. La fijación de equipos sobre superficie es únicamente mediante los orificios que estos presentan para tal fin.

        ☐ Verdadero
        ☑ **Falso**

c. Existen armarios *mini-racks,* que serán los recomendados para pequeñas instalaciones

☑ **Verdadero**
☐ Falso

d. El uso de armarios solo se recomienda para grandes instalaciones, ya que todos los equipos de telecomunicaciones se podrán fijar en superficie o empotrados.

☐ Verdadero
☑ **Falso**

7. ¿Qué quiere decir que un equipo es enracable?

Corresponde a un determinado tipo de equipamiento apto para ser ubicado en armarios *racks* o *mini-racks.*

8. ¿Qué se representa en la imagen? ¿Qué expresan las notaciones hechas sobre la misma con la letra U?

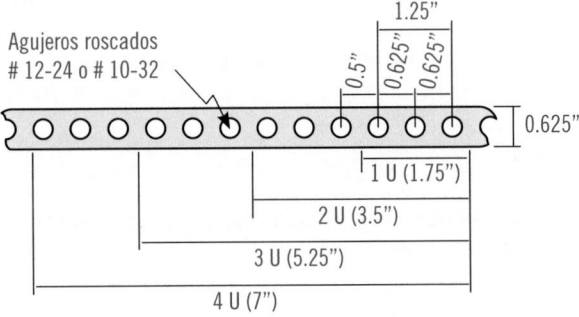

En la imagen, se representa uno de los 2 frontales de fijado que poseen los armarios. En estos frontales será donde los equipos de telecomunicaciones queden fijados mediante tornillería.

La U es la medida estándar que se utiliza para los armarios.

9. Si, en la documentación que acompaña a un equipo de telecomunicaciones enracable, se indica que dicho equipamiento mide 3 U, ¿cuánto espacio ocupará en un armario? ¿Se podrá alojar en un *rack* con 7 agujeros disponibles?

En este caso, el fabricante está indicando que el equipo necesitará 9 agujeros del frontal del *rack,* ya que se sabe que cada U son 3 agujeros. Por tanto, en un armario con 7 agujeros disponibles, no se podrá fijar.

10. Identifique cada una de las piezas que forman las tapas y embellecedores de una toma de telecomunicaciones.

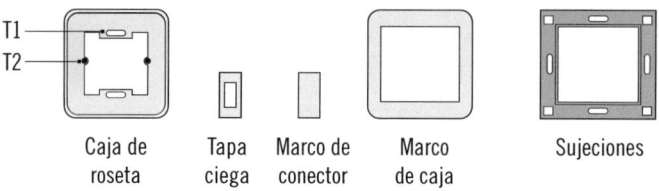

| Caja de roseta | Tapa ciega | Marco de conector | Marco de caja | Sujeciones |

11. Complete el siguiente texto.

A todo material eléctrico, ya sea de **telecomunicaciones** o no, le acompaña una serie de **componentes** auxiliares con la intención de que sean fácilmente **acoplables** a los dispositivos instalados, ofreciéndole a estos la posibilidad de **ocultar** partes de la instalación **delicadas,** así como aportándole un plus **estético** apto para que puedan quedar **expuestos** de forma visible, sin que interfirieran en el **diseño** arquitectónico del local.

12. Relacione cada material con su funcionalidad dentro de la tarea de fijación de equipos de telecomunicaciones.

    a. Taladro.
    b. Destornillador.
    c. Cincel.
    d. Llave fija.
    e. Martillo.

d. Enroscado de equipamiento enracable.
c. Preparado de hueco para empotrar.
b. Fijado de tornillería.
a. Realización de huecos en superficie.
e. Golpeo sobre cincel.

13. ¿Cuáles son los tipos de fijado de equipamiento de telecomunicaciones?

▌ Fijado sobre superficie:

  ▪ Directamente sobre equipo.
  ▪ Mediante utilización de soportes.

▌ Fijado empotrado.
▌ Fijado en armario.

14. ¿Qué son los *data center?*

Son salas especiales que disponen de una serie de condiciones de climatización y ventilación especiales para que los armarios *rack,* que alojan todo el equipamiento electrónico de telecomunicaciones, puedan ser ubicados en ellas en las mejores condiciones.

Solucionario Capítulo 6

1. **Marque con una R las antenas que son de radio, con una U las de UHF y con una S las satelitales.**

   a. DAT. **(U)**
   b. FM. **(R)**
   c. Panel. **(U)**
   d. Parabólica. **(S)**
   e. Yagi. **(U)**
   f. Logarítmica. **(U)**

2. **Seleccione la respuesta correcta con respeto a la propiedad de la directividad de las antenas.**

   a. La antena de radio es direccional, porque de esa forma la radio se recibe mejor.
   b. **La antena de radio es omnidireccional, porque puede recibir señales desde distintos repetidores o emisoras directamente.**
   c. La antena de UHF es omnidireccional, para poder recibir las señales desde cualquier repetidor.
   d. La antena de radio es omnidireccional, de forma que las señales se reciben en una única dirección.

3. **¿Qué es la frecuencia?**

   La frecuencia es el número de repeticiones que tiene una onda de telecomunicaciones que se propaga por el aire en cada segundo. Se representa mediante la letra F.

4. **¿Qué frecuencia tiene una onda que se repite 4 veces en un intervalo de tiempo comprendido en 0,01 s?**

   Habría que obtener el número de repeticiones cada segundo. Si en 0,01 s se tienen 4 repeticiones, en 1 s: 4/0,01: 400 repeticiones/s o Hz.

5. Identifique cada modelo o tipo de antena.

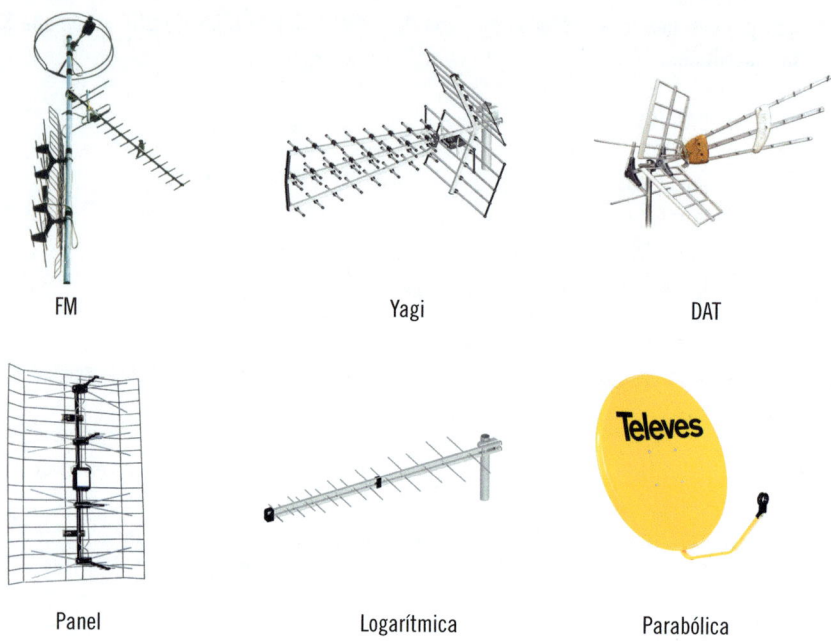

FM	Yagi	DAT
Panel	Logarítmica	Parabólica

6. Complete el siguiente texto.

El **LNB** es la verdadera **antena** de un sistema de captación de señales de televisión por satélite. En determinados manuales técnicos, puede encontrarse denominado como **iluminador.** Es el dispositivo que recibe las señales **reflejadas** en el **plato** parabólico y las inyecta en la red de **cableado** correspondiente. Quedará situado por tanto en el foco del **reflector** parabólico y su misión será la de acondicionar las **señales** de **altas** frecuencias del satélite, a señales de menor **frecuencia,** aptas para ser soportadas por los **cables** de televisión distribuidos por el edificio.

7. De las siguientes afirmaciones, diga cuál es verdadera o falsa.

    a. Las interferencias son unos de los principales problemas que se tienen en la recepción de señales de telecomunicaciones.

        ☑ **Verdadero**
        ☐ Falso

    b. La orientación de una antena se basa en las interferencias que pudieran existir en torno a ella.

        ☐ Verdadero
        ☑ **Falso**

    c. El espacio físico para trabajar sobre la antena también puede ser un problema.

        ☑ **Verdadero**
        ☐ Falso

    d. Siempre se aconseja fijar las antenas a torretas en todas las instalaciones, ya que estas son las más firmes y robustas.

        ☐ Verdadero
        ☑ **Falso**

8. ¿Qué se representa en la figura?

Se puede observar una antena fijada a un mástil mediante un soporte (1), y una brida de tuerca (2) encargada de realizar el fijado.

9. **¿Qué tres parámetros se necesitan en la orientación de una antena parabólica? Represente en una figura los giros que se le provocarían a la antena.**

La orientación de una parabólica pasa por orientarla de modo:

▌ Horizontal: azimut.
▌ Vertical: inclinación.
▌ Polarización: orientación de LNB.

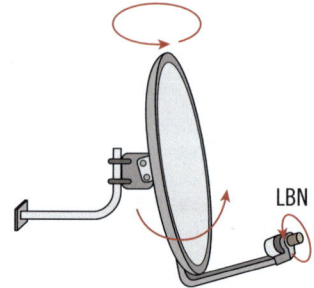

10. **Determine todos los sistemas de seguridad empleados en la figura.**

11. ¿Qué diferencias existen entre los elementos directores y reflectores de una antena UHF?

Los elementos directores están destinados a encauzar o dirigir las ondas recibidas desde el repetidor o emisora en cuestión hacia el dipolo para concentrarlas todas en él. Sin embargo, los elementos reflectores tienen un efecto repulsivo, es decir, están encargados de proteger al dipolo de posibles interferencias.

12. Complete el siguiente texto.

El **amplificador** es el elemento encargado de aumentar la potencia de la señal recibida del **repetidor** para antenas que, por distancias, orografía, etc., reciban las señales en magnitudes **menores** que las esperadas. Se debe tener especial cuidado con la incorporación de estos equipos en el sistema de **captación,** ya que **amplificarán** todo tipo de señales (deseadas e indeseadas), además de la propia introducción de **interferencias** y **ruido** en la instalación debido a su naturaleza electrónica.

13. ¿Para qué se realizan las conexiones a tierra de mástiles y torretas?

La puesta a tierra de mástiles y torretas es necesaria para canalizar todas las descargas que pudieran recorrer las partes metálicas del sistema, ya sea por agentes externos (por ejemplo rayos) o por derivaciones de las propias conexiones eléctricas internas.

14. De las siguientes afirmaciones, diga cuál es verdadera o falsa.

a. La base de orientación está ideada principalmente para antenas parabólicas, pero su uso ayudaría a cualquier tipo de antena.

☑ **Verdadero**
☐ Falso

b. La orientación del LNB pasa por conocer las coordenadas del satélite y enfocarlo directamente a él.

☐ Verdadero
☑ **Falso**

c. Dos de las opciones de fijaciones de un mástil son a pared o a base de hormigón.

☑ **Verdadero**
☐ Falso

d. El dipolo es el elemento en donde realmente se reciben las señales en las antenas parabólicas.

☐ Verdadero
☑ **Falso**